Richard Morris
Gott würfelt nicht

EUROPA
VERLAG

Aus dem Amerikanischen von AMS/Dirk Oetzmann

RICHARD MORRIS

Gott würfelt nicht

UNIVERSUM, MATERIE
UND KREATIVE INTELLIGENZ

Europa Verlag

Hamburg · Wien

Die Deutsche Bibliothek – CIP-Einheitsaufnahme

Ein Titelsatz für diese Publikation ist bei
Der Deutschen Bibliothek erhältlich.

Originalausgabe:
The Universe, the Eleventh Dimension, and Everything
– What We Know and How We Know It
© 1999 Richard Morris
Dieses Werk wurde vermittelt durch die
Literarische Agentur Thomas Schlück GmbH, 30827 Garbsen.

Deutsche Erstausgabe
© Europa Verlag GmbH Hamburg/Wien, Februar 2001
2. Auflage, November 2001
Lektorat: Aenne Glienke
Umschlaggestaltung: Kathrin Steigerwald, Hamburg
Koordination und Bearbeitung der deutschen Ausgabe:
AMS Autoren- und Medienservice, Reute
Layout und Satz: Rudolf Kempf
Druck und Bindung: Wiener Verlag, Himberg bei Wien
ISBN 3-203-80099-3

Informationen über unser Programm erhalten Sie beim
Europa Verlag, Neuer Wall 10, 20354 Hamburg
oder unter www.europaverlag.de

Inhalt

Was wir wissen und warum   7

Teil 1: Kosmische Evolution
     Vorwort   17
     Kapitel 1: Wie alles begann   21
     Kapitel 2: Als das Universum eine Stunde alt war   34
     Kapitel 3: Die Entstehung des Lebens   50
     Kapitel 4: Das Schicksal des Universums   65
     Kapitel 5: Endlose Universen oder Der Kosmos
         ist ein großes Nichts   79

Teil 2: Auf der Suche nach der Materietheorie
     Vorwort: „War es ein Gott, der diese Zeichen
         schrieb?"   89
     Kapitel 1: Zu viele Elementarteilchen   97
     Intermezzo: Einsteins vereinheitlichte Feldtheorie   114
     Kapitel 2: Die Jagd nach dem Quark   122
     Kapitel 3: Superstrings und andere Kleinigkeiten   134
     Epilog   145

Teil 3: Wissenschaftliche Vorstellungskraft
     Vorbemerkung   149
     Kapitel 1: Der lange Weg zur Wahrheit   152
     Kapitel 2: Wie man Wissenschaft und Pseudo-
         wissenschaft unterscheidet   176
     Kapitel 3: Ein neues Weltbild entsteht   198
     Kapitel 4: Platonisten und Kantianer   214
     Nachwort   232

Register   235

Was wir wissen und warum

In den letzten Jahren ist es zu einigen aufregenden Neuentdeckungen auf den Gebieten der Kosmologie und Kernphysik gekommen, Forscher beginnen endlich, Ursprung und Entwicklung des Universums sowie die Grundbausteine der Materie zu erfassen. Die Entdeckungen gingen mit vielen Spekulationen einher. Wissenschaftler versuchen nicht nur herauszufinden, was ist, sondern auch, was sein könnte. An dieser Vorgehensweise ist im Grunde nichts auszusetzen, denn bevor man Makro- und Mikrokosmos erklären kann, muss man wissen, welche Möglichkeiten es gibt. Der Wissensstand ist so schnell gestiegen, dass es zum Teil zu wirklich erstaunlichen Theorien gekommen ist. Es gibt inzwischen empirische Beweise dafür, wie das Universum nur eine Sekunde nach dem Big Bang ausgesehen hat. Also begann man, Theorien über diese erste Sekunde zu entwickeln. Manche gingen so weit, plausible Szenarien darüber auszuarbeiten, wie das Universum entstanden ist. Andere fragten sich, ob es nicht vielleicht neben unserem noch zahllose andere Universen geben könnte.

Gleichzeitig sind Wissenschaftler so tief in die Struktur der Materie eingedrungen, dass sie sich jetzt nicht mehr damit zufrieden geben wollen, neue subatomare Teilchen und ihr Verhalten zu entdecken und zu studieren. Sie dringen immer tiefer vor und versuchen, die wahre Beschaffenheit von Raum und Zeit zu erkennen. Sie halten für möglich, dass es mehr als die drei bisher bekannten Dimensionen gibt, und haben Theorien über zehn- und elfdimensionale Räume entwickelt, die man Superstrings oder Membrane nennt.

Ein Ergebnis dieser Arbeit ist die Veröffentlichung zahlreicher Bücher, die sich mit den jeweils neuesten Ideen und Entdeckungen befassen. Das muss natürlich auch so sein, denn ein Buch, das sich damit nicht beschäftigt, wäre in kürzester Zeit veraltet.

Einige der neuen Theorien sind äußerst interessant. Sollten sie sich irgendwann bestätigen, werden wir auf eine andere Ebene übergehen und unser Verständnis von Makro- und Mikrokosmos wird sich erweitern. Allerdings sind viele dieser spektakulären Theorien auch von Rückschlägen gekennzeichnet. Der durchschnittliche, mathematisch nicht so gebildete Leser hat oft Schwierigkeiten damit, zwischen wissenschaftlichen Tatsachen und originellen Fantasien zu unterscheiden.

Deshalb kam ich auf die Idee, zwei kleine Bücher zu schreiben (sie tauchen als zwei Kapitel dieses Bandes auf), in denen die Dinge über das Universum und den Mikrokosmos dargelegt werden, die wir mit an Sicherheit grenzender Wahrscheinlichkeit wissen. Darüber hinaus sollte jedes Buch eine kurze, verständliche Darstellung des heutigen Forschungsstands beinhalten. Wenn Sie verstehen, was wir heute wissen, werden Sie relativ leicht nachvollziehen können, warum man versucht, die Forschung in verschiedene Richtungen voranzutreiben.

Kosmische Evolution

Wenn Astronomen zehn Milliarden Lichtjahre weit in ins All blicken, sehen sie auch zehn Milliarden Jahre weit in die Vergangenheit. Dadurch ist es ihnen gelungen, ein Bild des Universums aus einer Zeit zu erstellen, als es noch sehr jung war. Es gibt noch andere Beobachtungen, anhand derer man das Universum zu einem noch früheren Zeitpunkt beschreiben kann. Auf der Erde ist zum Beispiel eine aus allen Richtungen kommende Strahlung messbar. Diese kosmische Hintergrundstrahlung, von den Fachleuten als Drei-Kelvin-Strahlung bezeichnet, ist der Rest der elektromagnetischen Strahlung (Mikrowellen), die infolge der Bildung des Universums durch den Urknall als helles Licht abgegeben wurde, als das Universum etwa 300 000 Jahre alt war.

Im Lauf von Milliarden von Jahren hat sich dieses Licht auf den Mikrowellenbereich (kurzwellige Strahlen) abgeschwächt. Man kann also tatsächlich das letzte Nachglühen des Urknalls sehen.

Ich werde auf die Entstehung und die Struktur dieser Mikrowellenstrahlung in Kapitel 1 noch einmal näher eingehen. Im Moment möchte ich dazu nur sagen, dass es möglich ist, das Universum so zu beobachten, wie es vor zwölf Milliarden Jahren aussah (auf dieses Alter wird das Universum zumeist geschätzt). Astronomen, die sich mit dieser Strahlung befassen, sehen also geradewegs in die Vergangenheit.

300 000 Jahre bedeuten jedoch keine Grenze. Es gibt heute, wie gesagt, empirisches Beweismaterial über den Zustand des Universums nur eine Sekunde nach seiner Entstehung, mit Ausnahme natürlich von Bildmaterial. Licht und andere Strahlung, die zu einem so frühen Zeitpunkt entstanden sind, wurden inzwischen von der Materie im All so häufig absorbiert und wieder emittiert, dass die Chancen, wirklich etwas zu sehen, gleich null sind.

Man kann jedoch das Vorkommen bestimmter chemischer Elemente bestimmen, die nur entstanden sein können, als das Universum noch sehr jung war. Diese Elemente können nicht im Innern von Sternen entstehen, denn sie würden durch die hohen Temperaturen und Energieflüsse, die dort vorkommen, sofort gespalten. Atomkerne bilden sich im Sterneninnern und werden wieder aufgespaltet. Durch die Messung der Mengen dieser Elemente können Astrophysiker Rückschlüsse auf Prozesse ziehen, die stattgefunden haben, als das Universum erst eine Sekunde alt war.

In Teil 1, I wird die Entwicklung des Weltalls von der ersten Sekunde bis heute geschildert. Diese Darstellung der Ereignisse wird heute kaum noch angezweifelt. Die ihr zugrunde liegenden Theorien sind durch Beobachtungen mehrfach bestätigt worden.

Obwohl die Entwicklung der Galaxien, Sterne und Planeten ein höchst interessantes Thema ist, werden wir uns nicht allein damit befassen.

Von ganz wesentlicher Bedeutung ist die Tatsache, dass unser Universum auch Leben hervorgebracht hat, doch die Geschichte der kosmischen Evolution endet nicht mit der Entstehung des Lebens. Das Universum selbst wird irgendwann sterben, es wird vermutlich erkalten und verdunkeln. Es wird sich jedoch auch dann noch weiter entwickeln, wenn das Leben aus ihm schon längst wieder verschwunden ist. Heute ist die Existenz lebender Organismen allerdings eine überaus wichtige Erscheinung unseres Weltalls. Und auch eine Überraschung, denn in den meisten Universen, die Wissenschaftler als Modelle erstellt haben, kann Leben nicht existieren.

Das Wesen des Mikrokosmos

Ich möchte unser Wissen über den Mikrokosmos auf etwas ungewöhnliche Art erläutern. Die Leser werden hier nur wenig über die Eigenschaften von Quarks (aus ihnen bestehen Protonen, Neutronen und andere schwere Teilchen) und Leptonen (Elektronen und ähnliche Teilchen) finden. Der Grund dafür ist einfach: Um den heutigen theoretischen und experimentellen Forschungsstand zu verstehen, muss man zuerst begreifen, wie es zu den Theorien kam.

Viele Physiker glauben, dass alle Elementarteilchen aus Superstrings bestehen, das sind theoretische Entitäten, die viel kleiner sind als Protonen und die auch von Teilchenbeschleunigern nicht entdeckt werden könnten, selbst wenn sie um ein Vielfaches stärker wären als die, die heute zur Verfügung stehen. Die Superstring-Theorie beruht auf der Vorstellung, dass es noch mehrere Dimensionen gibt, die aber so stark aufgerollt oder zusammengepresst sind, dass ihre Existenz durch kein Experiment der Welt zu beweisen wäre.

Diese Theorie der zusätzlichen Dimensionen ist nicht neu. Sie wurde bereits in den 30er Jahren aufgestellt. Kurze Zeit später wurde Albert Einstein darauf aufmerksam und verwendete sie zur Erstellung einer vereinheitlichten Feldtheorie, die die Existenz von Schwerkraft und elektromagnetischer Kraft erklären würde.

Ich kann mir vorstellen, dass Leser, die zum ersten Mal von Superstrings hören, sich fragen, weshalb Wissenschaftler so viel Zeit darauf verwenden, über Entitäten zu spekulieren, die wahrscheinlich nie nachgewiesen werden können, wenn es sie denn überhaupt gibt. Der Grund dafür ist, dass eine funktionierende Superstring-Theorie es den Forschern ermöglichen würde, die vier elementaren Kräfte – Elektromagnetismus, Schwerkraft und die beiden Teilchenkräfte – in einem einzigen System unterzubringen.

Um nachvollziehen zu können, warum die Vereinheitlichung so wichtig ist und warum Einstein sich dafür interessierte und einige der brillantesten Physiker von heute sich so sehr darum bemühen, muss man die Geschichte ein wenig kennen. Die Suche nach der Einheitlichkeit begann im 19. Jahrhundert, als sich die Wissenschaft darum bemühte, die Beziehung zwischen Elektrizität und Magnetismus zu verstehen. Dies wurde erreicht, als der schottische Physiker James Clerk Maxwell mit einer Theorie aufwartete, die beide Kräfte vereinte. Aber seine Theorie tat noch mehr: Sie erklärte ferner das Wesen des Lichts und anderer Strahlungen, außerdem führte sie zur Entdeckung der Radiowellen.

Wenn man zwei Theorien zu einer zusammenführt, ist das Ergebnis häufig mehr als die sprichwörtliche Summe ihrer Teile. Oft können dadurch auch in bis dahin nicht gekannter Weise Ereignisse vorhergesagt werden. Maxwells Theorie des Elektromagnetismus ist ein besonders eindringliches Beispiel.

Seine Entdeckung führte nicht nur zu einem tieferen Verständnis der physikalischen Gesetzmäßigkeiten, sondern auch zu technologischen Innovationen, die das moderne Leben heute bestimmen.

Das Streben nach Vereinheitlichung stellte nicht immer eines der Hauptprobleme der Physik dar. Tatsächlich hatten gegen Mitte des 20. Jahrhunderts alle namhaften Physiker außer Einstein das Thema vollkommen beiseite geschoben. Viele erklärten Einsteins Bemühungen für abwegig, und er wurde von seinen Kollegen zunehmend isoliert.

Es gab für diese Vernachlässigung gute Gründe. Die meisten Physiker hielten es nicht ganz zu Unrecht für notwendig, zuerst einmal herauszufinden, welche subatomaren Teilchen existieren und welche Kräfte ihr Verhalten beeinflussen. Das Wesen der starken Teilchenkraft, die die Protonen und Neutronen im Atomkern zusammenhält, galt als besonders rätselhaft. Die Existenz der Atomkerne war zwar schon 1911, die von Protonen und Neutronen 1932 entdeckt worden, aber es dauerte bis in die 70er Jahre hinein, ehe es den Wissenschaftlern gelang, eine brauchbare Theorie bezüglich dieser Kraft zu entwickeln. Bis dahin hatten sie immer mit verschiedenen Annahmen arbeiten müssen. Dabei war es oft notwendig, für unterschiedliche Probleme unterschiedliche Annahmen zu verwenden.

Erst als es der Wissenschaft gelungen war, das Wesen der vier elementaren Kräfte zu ergründen, begannen die Bemühungen um Vereinheitlichung von neuem. Das führte aber sofort wieder zu Komplikationen. Die Schwerkraft wurde durch Einsteins Allgemeine Relativitätstheorie erklärt, die anderen drei Kräfte durch die Quantenmechanik. Beide Theorien schienen hieb- und stichfest. Dennoch schlossen sie sich gegenseitig aus. Es schien keine Möglichkeit zu geben, alle vier Kräfte durch eine einzige Theorie zu erklären.

So entstand die Superstring-Theorie. Es gab zwar keinen empirischen Beweis für ihre Richtigkeit, aber man konnte die vier Kräfte mit ihrer Hilfe in einem System unterbringen. Manche Forscher waren sehr skeptisch. Andere meinten, die Theorie sei einfach zu logisch, um nicht wahr zu sein. In letzter Zeit befasst man sich mit der so genannten Membran- oder brane-Theorie, die die Superstrings in ein erweitertes System integriert. Zum jetzigen Zeitpunkt sind weder Superstrings noch die brane-Theorie experimentell nachgewiesen, und niemand weiß, wann oder wie dies geschehen wird. Die Physik befindet sich auf der Suche nach ihrem Heiligen Gral. Dieser Gral ist bis jetzt jedoch weit außerhalb unserer Reichweite.

Ich werde in diesem Kapitel auch darlegen, was wir heute beinahe mit Sicherheit wissen, bevor ich die derzeit bestehenden Theorien in gebotener Kürze erläutere. Die Einführung wird allerdings etwas anders gestaltet sein. Seit etwa 100 Jahren gibt es Theorien über das Wesen des Mikrokosmos. Im Lauf dieser Zeit wurden verschiedene wissenschaftliche Konzepte (wie etwa die Existenz zusätzlicher Dimensionen im Raum) untersucht, verworfen und wieder aufgenommen. Ich glaube, dass man am besten versteht, was sich an den Grenzen der Physik tut, wenn man sich zuerst die Entwicklung der heute gängigen Theorien ansieht. Oft muss man die Vergangenheit kennen, um die Gegenwart zu begreifen, das gilt eben auch für die Naturwissenschaften.

Wissenschaftliche Vorstellungskraft

Es gibt keinerlei experimentell oder durch Beobachtungen gewonnene Daten, die die zur Debatte stehenden Theorien darüber untermauern, was in der Geburtssekunde des Universums geschehen ist, oder darüber, was die essentielle Natur von Materie ausmacht. Wie kann man solche Spekulationen also als *wissenschaftlich* bezeichnen? Sogar über so genannte Pseudowissenschaften wie Astrologie und Parapsychologie gibt es mehr empirisches Beweismaterial.

Die Frage ist nicht einfach zu beantworten. Aus diesem Grund widme ich den letzten Teil dieses Buchs der Erforschung wissenschaftlicher Vorstellungskraft und Entdeckungen. Ich wähle dafür keinen philosophischen Zugang. Wie viele andere Physiker halte ich philosophische Diskussionen über das Wesen der Wissenschaft und ihrer Methoden für nicht sehr fruchtbar. Es gibt *die* wissenschaftliche Methode nicht. Wissenschaftler, und vor allem Physiker, wenden jede Methode an, die funktioniert.

Ich empfehle stattdessen, die Arbeitsweise eines wissenschaftlichen Geistes zu betrachten. Im Zusammenhang damit werde ich erklären, warum theoretische Untersuchungen der Superstring-Theorien wissenschaftlich sind, und die Pseudowissenschaften nicht.

Ich werde einige wichtige wissenschaftliche Entdeckungen erläutern und die Methoden der Forscher untersuchen, die diese Entdeckungen gemacht haben. Manche meiner Schlussfolgerungen werden Sie vielleicht überraschen. Ich glaube zum Beispiel, dass Charakter und Persönlichkeit in der Wissenschaft eine genauso große Rolle spielen wie in der Kunst.

Ich möchte das noch einmal betonen: Mein Ansatz ist kein philosophischer, und mein Fazit ist sicher nicht endgültig. Die wissenschaftliche Vorstellungskraft ist ein Thema, das ich erforschen möchte, nicht systematisieren. Für mich ist diese Forschung der interessanteste Teil dieses Buchs. Ich hoffe, dasselbe gilt für Sie.

Teil 1

Kosmische Evolution

Vorwort

Wenn man heutzutage ein Buch über Kosmologie aufschlägt, findet man darin meistens ziemlich viele spekulative Theorien. Die Autoren, die sich mit diesem Thema beschäftigen, verwenden im Allgemeinen sehr viel Arbeit auf Themen wie alternierende Universen, kosmische Wurmlöcher, den Anfang des Universums als Quanten-Raumzeit-Schaum und auf die physikalischen Prozesse, die stattfanden, als das Universum 10^{-35} s (der einhundertmillionste Teil eines Milliardstels eines Milliardstels eines Milliardstels) alt war.

Die meisten dieser Thesen sind nicht uninteressant. Ich habe auch selbst schon einiges darüber geschrieben. Dennoch glaube ich, dass hier einmal festgestellt werden sollte, was wir mit zumindest 99%iger Wahrscheinlichkeit über das Universum wissen. Die Wissenschaft schreitet heute mit dramatischer Geschwindigkeit voran, die meisten Bücher, die sich mit Kosmologie und den Grenzbereichen der Physik befassen, sind innerhalb von weniger als fünf Jahren veraltet. Relevant ist deshalb vor allen Dingen das Wissen, das höchstwahrscheinlich nicht kurz- oder mittelfristig als überholt gelten wird.

Die Themen, die ich hier behandeln möchte, sind keine Spekulation, sie basieren alle auf zuverlässigen Beobachtungen. So wissen wir zum Beispiel, dass es den Urknall gegeben hat. Es gibt sehr viele Hinweise, die diese Theorie über die Entstehung des Universums stützen und die man nicht so einfach wegdiskutieren kann. Ferner weiß man heute, wie das Universum eine Sekunde nach seiner Entstehung ausgesehen hat. Bestimmte chemische Elemente, die heute noch existieren, können sich nur zu einem sehr frühen Zeitpunkt gebildet haben. Man kann die Mengen dieser Elemente nicht bloß in unserem Sonnensystem messen, sondern auch in weit entfernten Galaxien. Dadurch erfahren wir etwas über die herrschenden Bedingungen, unter denen diese Galaxien sich entwickelten.

Wir wissen, dass das Universum von etwas erfüllt ist, das Wissenschaftler als *Dunkle Materie* bezeichnen. Man kann Dunkle Materie zwar nicht durch ein Teleskop, aber ihre Auswirkungen auf die Schwerkraft beobachten und messen. Ferner weiß man heute ziemlich genau, wie die Zukunft des Universums aussieht. Man kann davon ausgehen, dass Einsteins Theorie über die Schwerkraft, die Allgemeine Relativitätstheorie, korrekt ist. Mit ihrer Hilfe kann man den Zustand des Universums vor mehreren Milliarden Jahren errechnen, aber auch, wie es sich darstellen wird, nachdem intelligentes Leben schon lange aus ihm verschwunden ist.

Es gibt viele Theorien darüber, wie das Universum vor dem Ende der ersten Sekunde ausgesehen hat, die aber alle mit einer Voraussetzung arbeiten, die noch nicht bewiesen ist, dass Einsteins Theorie nämlich auch dann noch zutrifft, wenn die Schwerkraft sehr stark zunimmt. Dies ist zwar sehr wahrscheinlich, doch die Allgemeine Relativität konnte bisher nur innerhalb relativ schwacher Schwerkraftfelder erprobt werden, wie sie in der Nähe der Oberfläche etwa der Erde oder der Sonne auftreten. Daher kommen die Hochrechnungen über die Vorgänge während der ersten Sekunde zwar mutmaßlich zu richtigen Ergebnissen, doch es gibt keinerlei empirische Beweise dafür. Wenn jemand über das ganz junge Universum schreibt, befasst er sich also mit Dingen, die man nicht mit Sicherheit weiß.

Die Entwicklung des Universums nach dieser ersten Sekunde ist hinreichend geklärt. Physiker beschäftigen sich beispielsweise schon seit den 30er Jahren mit Kernphysik, und es gibt allen Grund dafür, zu glauben, dass die Theorien über die Reaktionen innerhalb der Sonne und anderer Sterne absolut korrekt sind. Die Wissenschaft kennt auch den Werdegang der Sterne. Astronomen haben die Möglichkeit, Sterne in jeder Entwicklungsphase zu observieren. Sie beobachten sehr junge Sterne, Sterne mittleren Alters (wie unsere Sonne), Sterne im Todeskampf und auch solche, die schon lange keine Energie mehr produzieren und nur noch aufgrund ihrer Restwärme ein wenig nachglühen.

Astrophysiker wissen genau, wie die chemischen Elemente entstanden sind und sich im Raum verteilt haben. Man geht davon aus, dass nur sehr leichte Elemente wie Helium und ein bisschen Lithium beim Urknall entstanden sind. Alle anderen sind Endprodukte von Reaktionen, die im Innern von Sternen ablaufen. Diese Elemente verteilten sich durch Explosionen von Supernovae im Raum. Man kann also durchaus behaupten, dass unser Heimatplanet und auch wir selbst hauptsächlich aus kosmischen Trümmern bestehen.

Einige Einzelheiten der Galaxienentstehung sind bis heute nur unvollständig geklärt. Man kann jedoch eine allgemeine Erklärung zu ihrem Werdegang abgeben und bestimmen, warum manche Galaxien ganz anders aussehen als andere. Die Entstehung von Sternen und Planeten ist heute kein Rätsel mehr. Wir wissen sogar, weshalb sich gerade die Erde so gut für die Entstehung von Leben eignet. Darüber, wie die ersten lebenden Organismen ausgesehen haben, diskutiert man auch heute noch, aber das ist schließlich ein Problem der Biologen, nicht der Physiker oder Kosmologen.

Zur Entwicklung des Universums von der ersten Sekunde bis heute sind inzwischen kaum noch Fragen offen. Theorien darüber, wo denn das Universum hergekommen ist, gehören natürlich ins Reich der Spekulation, die Geschichte der kosmischen Evolution jedoch nicht. Sie wird den größeren Teil dieses Kapitels einnehmen.

Ich werde die weniger gut fundierten Theorien nicht einfach ignorieren. Nach der Zusammenfassung unseres Wissens über den Werdegang des Universums werde ich einige neue

Ideen diskutieren, die der Wahrheit vermutlich, aber eben nicht mit Sicherheit, nahe kommen. Ich glaube, es ist wichtig, zu erklären, weshalb viele zeitgenössische Forscher glauben, dass man auch über Probleme spekulieren sollte, die nicht durch empirisches Beweismaterial gestützt werden. Ihr (berechtigter) Standpunkt ist, dass man eine Theorie, die bis zu einem bestimmten Punkt beweisbar ist, auch ruhig noch ein bisschen weiter führen dürfen sollte. Erst wenn sich die Theorie weit von tatsächlichen Beobachtungen entfernt, begeben wir uns in das Reich der reinen Spekulation.

Kapitel 1
Wie alles begann

Wie die Bewegung des Impressionismus in der Malerei erhielt auch die Urknalltheorie über die Entstehung des Universums ihren Namen von einem erzürnten Kritiker. Der englische Astronom Fred Hoyle erwähnte während einer Radiosendung im Jahr 1950 geringschätzig die Big-Bang-Theorie. Sie trat in Konkurrenz zur Steady-State-Theorie, die von Hoyle und den Physikern Thomas Gold und Hermann Bondi entwickelt worden war und nach der das Universum weder Anfang noch Ende besaß, sondern immer schon existiert hat.

Heute wissen wir, dass es natürlich einen Anfang gegeben hat. Das Universum ist vor zehn bis fünfzehn Milliarden Jahren entstanden. Zu Beginn war es sehr heiß und sehr dicht, und es dehnt sich seitdem aus. Es ist zwar unmöglich, zu bestimmen, was zur Stunde Null passiert ist, doch man weiß heute, dass die meisten Atomkerne, die es heute noch gibt, sich schon damals gebildet hatten. Zu diesem Zeitpunkt war das Universum ein glühender Feuerball, der sich bei seiner Ausdehnung rasch abkühlte.

Zu diesem Schluss kommen die Wissenschaftler aus drei Gründen. Der erste Hinweis ist im Grunde der schwächste: Das Universum dehnt sich jetzt aus. Wie sich beobachten lässt, entfernen sich sehr ferne Galaxien und Galaxienhaufen auch voneinander. Daraus kann man schließen, dass es einen Zeitpunkt gegeben haben muss, zu dem die gesamte Materie des Universums auf engstem Raum zusammengepresst war. Diese Theorie ist jedoch nicht schlüssig. Theoretisch könnte sich das Universum auch ausdehnen, ohne durch den Urknall

Abb. 1: Die Expansion des Universums. Die Konzeption eines sich aus-dehnenden Universums lässt sich am besten durch eine Analogie etwa mit einem Rosinenbrot veranschaulichen. Der Brotlaib steht hier für das Universum und die Rosinen für Galaxien oder Galaxienhaufen. Wenn der Teig aufgeht, wird der Abstand zwischen den Rosinen größer und je-de scheint sich von allen anderen zu entfernen. Im Vergleich zu der Vo-lumenzunahme eines Brotlaibs ist die Ausdehnung des Universums na-türlich enorm.

entstanden zu sein. Genau das behaupteten ja auch Hoyle, Gold und Bondi. Sie wussten zwar sehr wohl, dass sich das Universum ausdehnt, vermuteten jedoch, dass sich zwischen den Galaxien neue Materie bildete. Im Lauf der Zeit entstünde so genug Materie, damit sich weitere Galaxien bilden könnten. So mussten sie sich nicht mit dem Problem eines Ursprungs befassen. Natürlich hat noch nie jemand gesehen, dass Mate-rie einfach so aus dem Nichts hervorgeht. Nach der Steady-State-Theorie musste aber alle zehn Milliarden Jahre nur ein einziges Wasserstoffatom pro Kubikmeter entstehen, eine Rate, die viel zu klein war, um wirklich sichtbar zu sein.

Die kosmische Mikrowellen-Hintergrundstrahlung

Viele Wissenschaftler fanden großen Gefallen an der Steady-State-Theorie. Mit ihr entgingen sie der Erklärungsnot über den Ursprung des Alls. Nach Hoyle, Gold und Bondi hatte es schon immer existiert. Ihre Theorie wurde jedoch widerlegt, als die Radioastronomen Arno Penzias und Robert Wilson in den Bell-Laboratorien 1964 entdeckten, dass Mikrowellen –

sehr kurze Radiowellen – aus jeder Richtung auf die Erde trafen. Die Intensität der Mikrowellenstrahlung war in jeder
Himmelsrichtung gleich groß und änderte sich auch zu unterschiedlichen Tageszeiten nicht.

Schon einige Jahre zuvor hatte der russisch-amerikanische
Physiker George Gamow vorausgesagt, dass die Erde von eben
solcher Mikrowellenstrahlung umgeben sein müsste, wenn
die Urknalltheorie sich als wahr herausstellen sollte. 1949
hatte er zusammen mit zwei seiner Studenten, Ralph Alpher
und Robert Herman, einen Artikel veröffentlicht, in dem er
voraussagte, dass es möglich sein müsste, eine Art „Echo" des
Urknalls in Form von Schwarzkörperstrahlung zu beobachten,
deren Temperatur ungefähr 5 °Kelvin (5 °Celsius über dem
absoluten Nullpunkt) beträgt. Als Penzias und Wilson ihre
Entdeckung machten, waren Gamow und seine Studenten
längst vergessen. Dann jedoch wurde ihre Arbeit von Robert
Dicke und seinen Kollegen, die an der Universität von Princeton beschäftigt waren, wiederentdeckt.

Hier sind vielleicht ein paar erklärende Worte angebracht.
Es mag dem Laien zum Beispiel nicht einsichtig sein, warum
die Strahlung aus allen Richtungen kommt und nicht aus einer einzigen. Das liegt daran, dass der Urknall keine Explosion
war, die in einem bereits existierenden Raum stattfand. Sie
füllte im Gegenteil das gesamte Universum aus. Wenn Wissenschaftler von einem sich ausdehnenden Universum sprechen, meinen sie, dass sich der Raum selbst ausdehnt und die
Galaxien dabei mit sich nimmt. Außerhalb des Universums
existiert nichts; nach der Allgemeinen Relativitätstheorie gibt
es so etwas wie „außerhalb" gar nicht (auf diesen Punkt werde ich später noch einmal zurückkommen). Die Hintergrundstrahlung des Urknalls kommt aus allen Richtungen, weil der
Urknall überall stattfand.

Schwarzkörperstrahlung ist Strahlung, die von einem vollkommen dunklen Objekt ausgeht, das alles Licht und sonstige
Strahlung, die auf das Objekt trifft, absorbiert. Schwarze Körper

existieren nicht in der Natur, jedes bekannte Material reflektiert Licht. Man kann schwarze Körper jedoch im Labor simulieren und deren Strahlenspektrum durch Erhitzen studieren. Das Spektrum der Strahlung eines schwarzen Körpers ist daher gut bekannt.

Der Urknall war eine besonders helle und heiße Explosion. Warum können wir also heute noch Radiowellen empfangen? Es gibt verschiedene Möglichkeiten, sich dieser Frage zu nähern. Die einfachste ist vielleicht der Vergleich mit einem heißen Objekt, das abkühlt. Lässt man ein weiß glühendes Stück Eisen abkühlen, verändert sich seine Farbe zunächst von Weiß nach Rot. Wenn es noch kälter wird, strahlt es zwar kein sichtbares Licht mehr aus, aber Infrarotstrahlen. Wie stark sich das Eisen auch abkühlt, es sendet immer eine Form von Strahlung aus. Wenn man es auf eine Temperatur knapp über dem absoluten Nullpunkt bringt, sendet es Mikrowellen aus. Die Art der Strahlung hängt von der Temperatur ab. Mikrowellen besitzen weniger Energie als Infrarotstrahlen, die wiederum weniger Energie besitzen als sichtbares Licht. Da bei niedrigerer Temperatur weniger Energie abgegeben wird, verwundert es nicht, dass sie auch eine andere Form besitzt.

Das Universum entstand, wie gesagt, vor zehn bis fünfzehn Milliarden Jahren und kühlt sich seitdem ab. Nach dem Urknall hatte die erste abgegebene Lichtstrahlung eine Temperatur von etwa 3000 °Kelvin. Heute liegt sie bei etwa –270 °Celsius. In der Wissenschaft bezeichnet man diese Temperatur mit 3 °Kelvin, denn der absolute Nullpunkt – die Temperatur, bei der keine Molekularbewegungen mehr stattfinden – liegt bei –273 °C (die genaue Temperatur der Strahlung liegt übrigens bei 2,726 Kelvin). Das entspricht zwar nicht genau der Vorhersage von Gamow, seine Schätzung von 5 °Kelvin aus dem Jahr 1949 war aber beeindruckend nahe dran.

Die Beobachtung der kosmischen Hintergrundstrahlung erlaubt den Wissenschaftlern, das Universum so zu sehen, wie es im Alter von 300 000 Jahren aussah. Wir wissen, dass das

Licht etwa zu diesem Zeitpukt abgegeben wurde, weil die Temperatur im Universum davor so hoch war, dass freie Elektronen sich nicht an Wasserstoff- oder Heliumkerne binden konnten, um zu einem Atom zu verschmelzen. Die Strahlungsenergie war so groß, dass jedes Atom sofort nach seiner Bildung wieder aufgespaltet worden wäre. So konnte auch das Licht keine großen Strecken zurücklegen.

Lichtstrahlen interagierten mit freien Elektronen bereits nach kurzen Wegstrecken. Hätte es damals schon intelligente Wesen gegeben, hätten sie das Universum als ein nebelverhangenes Etwas wahrgenommen. Als die Temperatur aber auf ungefähr 3000 °Kelvin sank, wurden die Elektronen zu Teilen von Atomen, und das Licht konnte sich ungestört ausbreiten. Der Nebel lichtete sich plötzlich.

Wenn ich hier davon spreche, wie das Universum vor etwa 300 000 Jahren ausgesehen hat, meine ich das nicht metaphorisch. 1992 gelang mit einem Aufnahmegerät, das am Satelliten Cosmic Background Explorer (COBE) montiert war, eine Aufnahme vom Universum jener Zeit. Im Rahmen des Satellitenprojekts entdeckte man ferner Temperaturschwankungen der Hintergrundstrahlung. Genau das hatten die Kosmologen erwartet. Wenn bestimmte Regionen im Universum nicht etwas mehr Materie enthielten als andere, böte das Universum heute ein anderes Erscheinungsbild. Wie wir noch sehen werden, hängt die Bildung von Galaxien entscheidend davon ab, dass manche Regionen eine höhere Dichte besitzen als andere. Wären solche Fluktuationen nicht entdeckt worden, hätte dies die Urknalltheorie ins Wanken gebracht.

Primordiales Helium und Deuterium

Wenn wir nicht weiter zurücksehen könnten als bis zu der Zeit, als das Universum etwa 300 000 Jahre alt war, müssten wir ziemlich viel spekulieren, um herauszufinden, was davor geschah. Das ist jedoch gar nicht notwendig, denn Wissenschaftler können tatsächlich *sehen*, wie das Universum nach der ersten Sekunde aussah. Zu dieser Zeit bildeten sich die ersten leichten Elemente. Misst man die Quantität dieser Elemente heute, kann man direkte Rückschlüsse auf das junge Universum ziehen.

Anfangs existierten nur Elementarteilchen wie Protonen, Neutronen und Elektronen. Als die erste Sekunde verstrichen war, bildeten sich große Mengen von Helium. Ein Heliumatom besitzt zwei Protonen und zwei Neutronen. Es wurde aus den Protonen und Neutronen gebildet, die schon im ganz

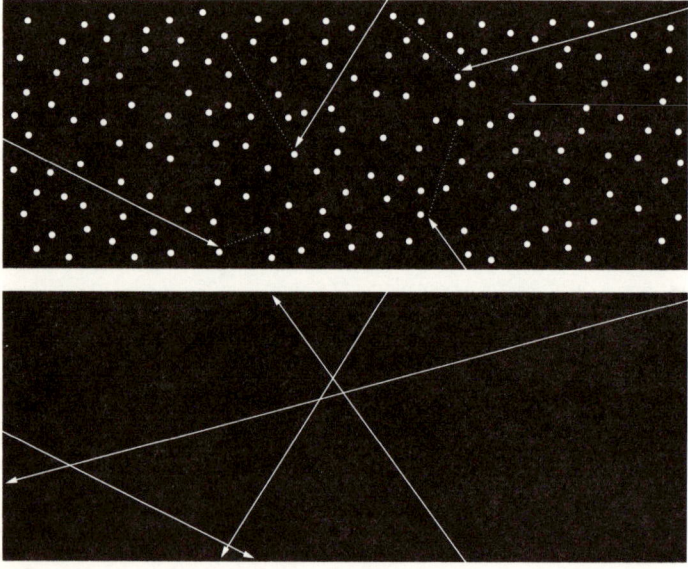

Abb. 2: Die Ursuppe. In den ersten 300 000 Jahren des Universums konnten Lichtstrahlen sich nicht ausbreiten, da sie sofort von Elektronen absorbiert oder gestreut wurden. Ein Beobachter hätte damals einen Weltraum gesehen, der mit dichtem Nebel angefüllt war. Dann aber kühlte das Universum so weit ab, dass die Elektronen sich mit Wasserstoff- und Heliumkernen zu Atomen verbinden und das Licht den Raum frei durchqueren konnten. Die Strahlung des jungen Universums, die wir heute sehen können, wurde frei, als es plötzlich durchsichtig wurde.

jungen Universum existierten. Das heute existente Helium kann nicht in Sternen gebildet worden sein. Obwohl schon zehn bis fünfzehn Milliarden Jahre seit Entstehung des Universums vergangen sind, konnten Sterne in dieser Zeit nicht soviel Helium produzieren, wie es heute davon gibt.

Die Kernreaktionen, die innerhalb von Sternen stattfinden, können höchstens der Ausgangspunkt von zehn bis fünfzehn Prozent des existierenden Heliums sein.

Es ist nicht sehr schwierig, die chemische Zusammensetzung von Sternen, Galaxien, aber auch von interstellaren und intergalaktischen Nebeln zu analysieren. Jedes chemische Element sendet bei Erhitzen eine charakteristische Strahlung aus, also muss man nur das Licht eines Objekts (bzw. die Radiowellen eines Gases) studieren, um herauszufinden, woraus es besteht. Nach ausführlichen Messungen stellte sich heraus, dass das Universum zu 25 Prozent aus Helium und zu 75 Prozent aus Wasserstoff besteht. Alle anderen Elemente existieren nur in relativ kleinen Mengen.

Die Kernreaktionen, die innerhalb von Sternen stattfinden, sind bekannt, ebenso die Mengen Helium, die durch sie hervorgebracht werden. Die Schlussfolgerung, dass das meiste bestehende Helium andere Ursprünge hat, ist unausweichlich. Diese anderen Ursprünge können nichts anderes sein als der Feuerball des Urknalls. Bestätigt wird dieser Schluss durch die Tatsache, dass ältere Sterne weniger Helium enthalten. Alte

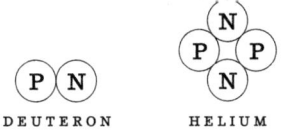

Abb. 3: Ein Deuteron und ein Heliumkern. Ein Deuteriumkern besteht aus einem Proton und einem Neutron. Diese beiden Teilchen können relativ einfach getrennt werden. Der Heliumkern mit zwei Protonen und zwei Neutronen ist weitaus stabiler. Man muss sehr viel Energie aufwenden, um die einzelnen Komponenten voneinander zu trennen.

Sterne produzieren durchschnittlich zwei bis drei Prozent weniger Helium als unsere Sonne, die erst vor etwa fünf Milliarden Jahren entstanden ist.

Die im jungen Universum herrschenden Bedingungen können auf unterschiedliche Art und Weise bestimmt werden. Man findet zum Beispiel Spuren von Deuterium im Universum. Deuterium ist ein Isotop des Wasserstoffs; es verhält sich genauso wie Wasserstoff, besitzt aber eine andere Zahl von Nukleonen. Ein Wasserstoffatom besitzt ein einziges Proton, das von einem Elektron umkreist wird. Deuterium besitzt dagegen ein Proton und ein Neutron. Da die elektrische Ladung bei beiden Elementen gleich groß ist, kann sich jeweils nur ein Elektron an den Atomkern binden.

Deuterium kann nicht in Sternen entstehen, da Proton und Neutron nur lose miteinander verbunden sind. Falls Deuterium im Innern eines Sterns entsteht, wird es durch die hohen Temperaturen sofort aufgespalten. Da das Deuterium nicht aus den Sternen hervorgegangen sein kann, muss es in der Folge des Urknalls entstanden sein, als andere Bedingungen herrschten. Zwar wurde auch damals Deuterium gespaltet, da aber das Universum sich rasch abkühlte, konnte viel Deuterium bestehen bleiben.

Schließlich entstanden durch den Urknall noch Spuren anderer leichter Elemente. Dazu gehören Helium-3 (zwei Neutronen und ein Proton), Lithium-6 (drei Neutronen und drei Protonen) und Lithium-7 (vier Neutronen und drei Protonen). Schwerere Elemente bildeten sich damals noch nicht, weil nicht die dafür notwendigen Voraussetzungen gegeben waren.

Die Nukleosynthese – die Bildung leichter Atomkerne – fand von der zweiten Sekunde bis zum Ende der dritten Minute statt. Danach endete die Produktion. Die Energie, die für das Zusammenfügen von subatomaren Partikeln nötig ist, war danach nicht mehr verfügbar. Ebenso fehlte die Energie, um Deuterium aufzuspalten. Ein Deuteriumkern kann durch den Zusammenprall mit einem anderen Nukleon gespalten werden. Wenn dieses andere Nukleon oder seine Strahlung aber nicht genug Energie besitzt, bleibt das Deuterium bestehen. Natürlich gibt es einen Zusammenhang zwischen der Energie und der Temperatur eines Atomkerns.

So ist die Temperatur eines beliebigen Objekts die Konsequenz der Bewegung seiner Moleküle. Im ganz jungen Universum hing die Temperatur dagegen von der Bewegung der energiegeladenen Teilchen (unter anderem Protonen und Neutronen) ab.

Wir besitzen also sozusagen zwei Schnappschüsse vom jungen Universum, einen aus der Zeit, als es zwischen einer Sekunde und drei Minuten alt war und einen zweiten im Alter von 300 000 Jahren. Was dazwischen geschah, ist leicht vorstellbar. Es gab keine komplexen Prozesse. Das Universum expandierte einfach und kühlte dabei ab.

Es gibt noch mehr Bilder des Universums zu verschiedenen Zeitpunkten seit Abgabe der Hintergrundstrahlung. Beobachtet ein Astronom ein weit entferntes Objekt, sieht er zeitgleich in die Vergangenheit. Wenn er eine Galaxie studiert, die zehn Milliarden Lichtjahre weit entfernt ist, sieht er zehn Milliarden Jahre in die Vergangenheit. Dies folgt aus der Definition des Begriffs *Lichtjahr*, der Distanz, die Licht in einem Jahr zurücklegt (sie entspricht etwa 9,6 Billionen Kilometer). So kann ein Forscher eine Galaxie beobachten, die ein oder zwei Milliarden Jahre nach dem Urknall entstanden ist, aber auch solche, die weitaus jünger sind. Man hat schon Sterne observiert, die fast so alt wie das Universum sind, und solche, die erst ein paar hunderttausend Jahre existieren. Es gibt Regionen, in denen sich justament Sterne bilden und solche, in denen dies schon vor langer Zeit geschehen ist. Durch den Blick in die Vergangenheit ist es möglich, verschiedene Entwicklungsstufen des Universums zu erforschen.

Das ganz junge Universum

Was man jedoch nicht sehen kann, ist die Entwicklung des Universums in der ersten Sekunde. Über diese Zeit lässt sich nur spekulieren. Es gibt jedoch einen Zeitpunkt, in dem alle Theorie endet. Die Newtonschen Gravitationsgesetze lassen keinen Schluss darauf zu, was bei sehr hoher Gravitation passiert.

Die Forscher können sich nur auf die Allgemeine Relativitätstheorie beziehen. Doch leider gilt auch die Allgemeine Relativität nicht mehr, wenn Quanteneffekte verstärkt auftreten. Sie ist mit der Quantenmechanik unvereinbar, der Theorie, die das Verhalten subatomarer Teilchen beschreibt.

Tatsächlich ist es so, dass eine Hochrechnung über den Anfang des Universums auf der Basis der Allgemeinen Relativität zu einem unsinnigen Ergebnis führt. Es ist mathematisch nachweisbar, dass das Universum – wenn die Allgemeine Relativitätstheorie Gültigkeit hat – zum Zeitpunkt seiner Entstehung eine unendliche Dichte aufgewiesen haben muss. Wenn aber das Wort unendlich in einer Theorie auftaucht, ist dies im Allgemeinen ein Hinweis darauf, dass sich irgendwo in ihr ein gravierender Fehler befindet. Tatsächlich kann man bestimmte Ergebnisse beweisen, gerade weil unendliche Mengen unmöglich sind. Nach Einsteins Spezieller Relativitätstheorie – die das Verhalten von Objekten beschreibt, die sich mit sehr hoher Geschwindigkeit fortbewegen – benötigt man unendlich viel Energie, um ein Objekt auf Lichtgeschwindigkeit zu beschleunigen. Dies sieht man im Allgemeinen als Beweis dafür an, dass kein Objekt, das Masse besitzt, die Lichtgeschwindigkeit erreichen kann.

Um herauszufinden, was im Moment der Entstehung des Universums geschehen ist, brauchten wir eine Quanten-Gravitationstheorie, die die Quantenmechanik und die Relativität vereinigt. Bis jetzt wurde eine solche Theorie nicht gefunden. Der Ursprung des Universums bleibt also in einer Grauzone verborgen.

Viele Physiker glauben, dass man anhand der Allgemeinen Relativität die Entwicklung des Universums bis 10^{-43} s nach seiner Entstehung genau beschreiben kann.* Das ist der Zeitpunkt, zu dem die Quanteneffekte nicht mehr wichtig sind. Mit Quanteneffekten meine ich hier nicht die Schwerkräfte von wie auch immer hoch geladenen Teilchen, sondern Veränderungen in der Struktur von Raum und Zeit an sich. Wenn die Quantenmechanik zutrifft – und darauf weist alles hin –, müssen Raum und Zeit einmal anders geartet gewesen sein als heute.

Leider weiß niemand, welcher Natur diese Veränderungen waren, sondern nur, dass sie für einen sehr kurzen Zeitraum nach der Entstehung des Universums Gültigkeit hatten.

Es gibt noch eine weitere Unsicherheit. Wie bereits erwähnt, wurde die Allgemeine Relativität nie innerhalb von Schwerkraftfeldern erprobt, wie sie vermutlich zu einem so frühen Zeitpunkt existiert haben. Eine so starke Schwerkraft gibt es einfach heute nicht im Universum. Also muss jede Theorie, die das Universum zu einem sehr frühen Zeitpunkt beschreiben will, auf der nicht bewiesenen Theorie aufbauen, dass die Allgemeine Relativität immer gültig ist, wenn Quanteneffekte nicht auftreten. Die Forschung kennt keinen Grund dafür, warum die Allgemeine Relativität vor diesem Zeitpunkt nicht mehr gelten soll. Dennoch ist die Verwendung der Theorie unter solchen Umständen eine unsichere Sache.

Die bekannteste Hypothese über das frühe Universum ist das so genannte inflationäre Universum. Sie wurde 1979 von dem Physiker Alan Guth entwickelt, der am Institute of Technology in Massachussetts beschäftigt war. Nach Guth dehnte

---

* In der Wissenschaft werden große Zahlen meistens als Exponentialzahlen notiert. Zum Beispiel die Zahl 1 Million kann man zum Beispiel auch als 10^6 notieren, was einer 1 mit sechs Nullen gleichkommt. 10^{43} ist also eine 1 mit 43 Nullen, das sind 10 Millionen Milliarden Milliarden Milliarden oder 10 Millionen Septillionen. 10^{-43} entspricht 1 geteilt durch 10^{43}. Diese Zahl mikroskopisch klein zu nennen, wäre noch eine maßlose Übertreibung.

sich das Universum zwischen 10^{-35} s und 10^{-33} s mit außergewöhnlich hoher Geschwindigkeit aus.* In dieser Zeit existierte eine extreme repulsive Kraft im Universum, die eine exponentiell anwachsende Ausdehnung bewirkte. In dieser Phase verdoppelte sich die Größe des Universums alle 10^{-35} s. Inzwischen verdoppelt sich diese Größe etwa alle zehn Milliarden Jahre.

Da diese exponentielle Expansion vermutlich einige Zeit vor dem Ende der ersten Sekunde stattfand, kann man diese Theorie weder beweisen noch widerlegen. Dennoch wird die Vorstellung des inflationären Universums von der Mehrheit der Wissenschaftler anerkannt. Es gibt nämlich keine andere Theorie, die die heutigen Eigenschaften des Universums hinreichend erklären kann. Als das Universum eine Sekunde alt war, musste es zum Beispiel eine Dichte besitzen, die in Ziffern ausgedrückt auf 15 Dezimalstellen hinter dem Komma genau stimmte. Wäre die Dichte auch nur ein winziges bisschen größer gewesen, hätte die Schwerkraft die Ausdehnung des Universums schon nach relativ kurzer Zeit beendet.

Ihr wäre eine Phase der Kontraktion gefolgt, und das Universum wäre im so genannten Großen Kollaps (Big Crunch) kollabiert. Wäre die Dichte dagegen nur etwas kleiner gewesen als die kritische Größe, hätte sich das Universum so schnell ausgedehnt, dass sich Sterne und Galaxien niemals hätten bilden können. Die Materie hätte sich viel zu schnell verteilt.

Es zeigt sich also, dass das Universum genau die richtige Dichte besaß, wenn die Vorstellung vom inflationären Universum stimmt. Die exponentielle Ausdehnung, die zum Zeitpunkt 10^{-35} s begann, hätte die Dichte des Universums danach exakt abgestimmt und zu der erforderlichen Dichte geführt. Das hört sich jetzt ein bisschen nach mathematischer Taschen-

---

* Zu beachten ist hier, dass 10^{-33} eine größere Zahl ist als 10^{-35}.

spielerei an, ist es aber eigentlich nicht. Wenn man die Gleichungen, die das inflationäre Universum betreffen, ausarbeitet, ergibt sich, dass die ursprüngliche Dichte gar nicht so wichtig war.

Ich habe nicht vor, auf das inflationäre Universum hier im Detail einzugehen. Wer mehr über diese Theorie wissen möchte, kann andere Bücher zu Rate ziehen, darunter das ausgezeichnete *The Inflationary Universe* (Addison Wesley, 1997) von Alan Guth selbst, aber auch manche meiner Bücher handeln davon. Ich ziehe Guths Theorie nur deshalb heran, um das sichtbare mit dem unsichtbaren Universum zu vergleichen. Wir wissen, was seit der zweiten Sekunde geschehen ist, weil wir uns auf sicht- und messbare Ergebnisse berufen können. Die Zeit davor bleibt allerdings reine Spekulation.

Der Weg nach vorn

Zum Ende dieses Kapitels möchte ich noch einmal auf die Zeit von der zweiten Sekunde bis heute zurückkommen. Die meisten der anzusprechenden Punkte gehören in die Bereiche Astronomie, Kosmologie und Astrophysik, aber nicht alle.

Ich glaube, dass die Geschichte der kosmischen Evolution ohne die Evolution des Lebens unvollständig wäre. Schließlich ist das Leben das mit Abstand größte Geheimnis. Als Forscher kann man viele verschiedene Formen von Universen konstruieren. In den meisten hätte das Leben nie die Chance, sich zu entwickeln. Warum also ist Leben gerade in unserem Universum möglich? Wie wir noch sehen werden, ist das Leben Teil der kosmischen Evolution.

Kapitel 2

Als das Universum
eine Sekunde alt war

Als das Universum eine Sekunde alt war, enthielt es Protonen, Neutronen und leichte Teilchen, die Neutrinos. Es gab etwa zehnmal so viele Protonen wie Neutronen, Atome existierten noch nicht. Die Temperatur – etwa zehn Milliarden Grad Kelvin – war so hoch, dass jedes Elektron, das versucht hätte, sich an ein Proton zu binden, um ein Wasserstoffatom zu bilden, sofort durch die herrschende Strahlung abgestoßen worden wäre.

Wenn man ein Neutron sich selbst überlässt, zerfällt es innerhalb von etwa zehn Minuten, übrig bleiben ein Proton, ein Elektron und ein Neutrino.* Die Dichte war im jungen Universum jedoch so groß, dass die meisten Neutronen gar nicht zerfallen konnten, sondern vorher mit Protonen kollidierten. Im Rahmen dieser Kollisionen entstanden sehr viele Deuteriumkerne. Wir erinnern uns: Ein Deuteriumkern besitzt ein Proton und ein Neutron, er wird auch *schwerer Wasserstoff* genannt.

Viele Deuteriumkerne stießen mit Neutronen zusammen und bildeten Tritium, ein Element, das zwei Neutronen und ein Proton besitzt. Schließlich kam zu diesem Kern ein weiteres Proton hinzu, und so entstand Helium. Helium besitzt zwei Protonen und zwei Neutronen, es trägt die Massenzahl 4.

---

* Um genau zu sein: ein Proton, ein Neutron und ein Antineutrino. Ich verwende das Wort Neutrino hier als Gattungsbezeichnung. Neutrinos und Antineutrinos besitzen ähnliche Eigenschaften, sie würden in einem kleinen Energieblitz verschwinden, wenn sie aufeinander träfen. Das geschieht jedoch fast nie, viel wahrscheinlicher ist, dass eine der beiden Neutrinoformen mit einem Proton oder Neutron reagiert.

Da Neutronen und Protonen etwa gleich schwer sind, kann man beiden die Massenzahl 1 zuordnen. So ergeben sich für Neutronen und Protonen die Massenzahl 1, für Deuterium die Zahl 2 und für Tritium die 3. Der Heliumkern mit der Massenzahl 4 ist das stabilste dieser zusammengesetzten Elemente.

Diese Reaktionen fanden statt, bis das Universum etwa drei Minuten alt war. Danach war nicht mehr genug Energie vorhanden, um weitere Atomkerne zu bilden. Gase kühlen sich bei Ausdehnung ab, wie jeder weiß, der schon einmal eine Spraydose benutzt hat.

Je mehr Gas aus der Dose austritt, desto kühler fühlt sie sich an. Aufgrund der Abkühlung verloren die subatomaren Teilchen im Universum Energie. Deshalb konnten keine Reaktionen mehr stattfinden.

Als das Universum drei Minuten alt war, bestand es zu knapp 75 Prozent aus Wasserstoff. Mit *Wasserstoff* meine ich hier Wasserstoffkerne bzw. Protonen. Atome existierten damals noch nicht, aber Astrophysiker sprechen im Allgemeinen von Wasserstoff, wenn sie sich auf Wasserstoffkerne beziehen. Die übrige Materie bestand hauptsächlich aus Helium. Bei der Bildung von Helium entwickelte sich zwar zwischenzeitlich auch Deuterium, doch es blieb kaum etwas davon bestehen. Der Grund dafür liegt in seiner Instabilität, der lockeren Bindung zwischen dem Neutron und dem Proton. Im Gegensatz zu Deuterium ist Helium unter denselben Bedingungen sehr stabil. Man benötigt sehr viel Energie, um es aufzubrechen. Auch Tritium ist nicht so stabil wie Helium, dem Endprodukt der Reaktionen, die im sehr jungen Universum abliefen.

Ein wenig Tritium und Lithium (Massenzahl 7) existierte schon damals und kann heute noch nachgewiesen werden. Schwerere Elemente gab es jedoch nicht, kein Kohlenstoff, Stickstoff oder Sauerstoff, kein Eisen oder anderes Metall. Nichts davon konnte durch den Urknall entstehen. Das liegt daran, dass es kein stabiles Element mit den Massenzahlen 5 oder 8 gibt. Traf ein Proton oder Neutron auf einen Heliumkern, pas-

sierte nicht viel. Auch zwei aufeinander treffende Heliumkerne konnten sich nicht verbinden. Also konnten keine
schwereren Elemente entstehen.

In der Entwicklungsphase der Urknalltheorie vermutete
man, dass alle Elemente während des Urknalls zustandege-
kommen sind. George Gamow veröffentlichte 1946 einen Artikel, der diese Möglichkeit eröffnete. Damals erschien diese
These durchaus glaubhaft. Als man aber mehr und mehr über
die Physik der Elementarteilchen lernte, erkannte man, dass
Gamows Theorie nicht stimmen konnte.

Die schwereren Elemente mussten auf andere Art und Weise
entstanden sein. Heute wissen wir, wie es dazu kam. Aber ich
sollte hier nicht zu weit vorgreifen, denn die Synthese der schweren Elemente wird noch an anderer Stelle erläutert werden.

Die Bildung von Sternen und Galaxien

Als das Universum 300 000 Jahre alt war, befand sich darin
praktisch nur Wasserstoff und Heliumgas. Das Gas besaß jedoch nicht überall die gleiche Dichte. In bestimmten Regionen war die Konzentration etwas höher als in anderen. Die Abweichungen waren minimal, sie bewegten sich im Bereich von
1:100 000, aber das reichte, um zur Bildung von Galaxien und
Galaxienhaufen zu führen.

Die Schwerkraft spielt im ganzen Universum eine Rolle.
Nun ist die Schwerkraft im Vergleich zu den anderen bekannten Kräften relativ schwach. Sollten Sie dies bezweifeln, so
überlegen sie einmal, dass man ein Stück Eisen oder Stahl
schon mit einem kleinen Magneten aufheben kann. Die Mag-
netkraft ist also größer als die Schwerkraft der Erde. Dennoch
ist die Schwerkraft eine sehr weit reichende Kraft, die ununterbrochen wirkt. Deshalb war sie viel wichtiger als andere
existierende Kräfte. Aufgrund der Schwerkraft dehnten sich
die etwas dichteren Regionen ein kleines bisschen langsamer

aus als der Rest des Universums. Außerdem zogen sie mehr Materie in diese Regionen, die dadurch noch dichter wurden. Dieser Prozess dauerte Millionen Jahre lang an, bis die Gaswolken schließlich dicht und konzentriert genug geworden waren, um zu kontrahieren.

Im Zuge der Kontraktion begannen sich die Gaswolken nach der gängigen Theorie in kleinere Wolken zu teilen, aus denen schließlich die Galaxien wurden. Irgendwann wurde die Dichte in bestimmten Gebieten der kleineren Wolken groß genug, sodass sich dort Sterne bilden konnten.

Etwa eine Milliarde Jahre nach dem Urknall begannen die ersten Sterne, den Nachthimmel zu erleuchten.

Diese Vorstellung von der Galaxienbildung nennt man *Top-Down*-Szenario. Es soll erklären, weshalb Galaxien meistens in Haufen auftreten. Unsere Milchstraße zum Beispiel gehört zu einem Haufen aus etwa 20 Galaxien, der die Lokale Hauptgruppe genannt wird, zu ihr gehört auch der große Andromedanebel. Die Galaxien der Gruppe werden durch die Schwerkraft zusammengehalten und umkreisen einander auf komplizierten Bahnen. Im Vergleich zu anderen von Astronomen entdeckten Haufen ist die Lokale Hauptgruppe recht klein. Es gibt Superhaufen mit über 1000 Galaxien.

Man hat auch ein *Bottom-Up*-Szenario entworfen, nach dem sich zuerst die Galaxien bildeten und diese sich erst später durch die Schwerkraft zu Haufen zusammenfügten. Die Top-Down-Theorie mutet glaubwürdiger an als ihre Konkurrentin und wird deshalb von der Mehrheit der Kosmologen vertreten. Der Unterschied ist allerdings nicht so groß, wie es vielleicht scheinen mag. Nach beiden Theorien bilden sich Galaxien auf gleichem Wege, unterschiedlich ist nur die Art der Haufenbildung.

Die ersten Sterne entstanden auf fast dieselbe Weise. Als die Protogalaxien kontrahierten, brachen sie auseinander. Aufgrund der Schwerkraft kontrahierten die Fragmente weiter und erhitzten sich sehr stark; so wie sich ausdehnende Gase abkühlen, werden zusammengepresste Gase wärmer. Die Temperatur stieg schließlich so stark an, dass die Atomkerne in ihrem Innern zu schmelzen begannen. Wasserstoff verschmolz zu Helium, wie es auch bei der Explosion einer Wasserstoffbombe geschieht. Die dafür notwendigen Reaktionen können nur bei sehr hohen Temperaturen ablaufen. Deshalb benötigt man eine Atombombe, um eine Wasserstoffbombe zu zünden. Natürlich gibt es Unterschiede zwischen der Kernschmelze innerhalb von Sternen und der einer Bombe. Ein Stern verbrennt seinen nuklearen Treibstoff gleichmäßig und nicht auf einmal.

Die einzelnen Schritte, die zur Bildung von Sternen führen, sind ziemlich kompliziert, deshalb sollte eine allgemeinere Beschreibung an dieser Stelle genügen. Ein Protostern gibt zuerst einmal den Großteil der durch die Kontraktion entstandenen Wärme in Form von Strahlung ab. In den späteren Phasen der Bildung wird die verbleibende Wärmeenergie jedoch im Zentrum des Sterns konzentriert. Der Stern ist inzwischen so dicht geworden, dass die Energie nicht mehr einfach entweichen kann. Wenn der Protostern die erforderliche Größe besitzt, kommt es schließlich zu Kernreaktionen. Hat er diese Größe nicht, wird aus ihm ein so genannter Brauner Zwerg. Jupiter ist ein solcher „gescheiterter Stern". Er ist zwar schon vor Milliarden von Jahren entstanden, kontrahiert aber heute noch langsam und gibt dabei mehr Energie ab, als er von der Sonne erhält. Wäre Jupiter ein bisschen größer, wären Druck und Temperatur etwas höher gewesen, hätte Jupiter gezündet und wir lebten heute in einem binären Sonnensystem.

Die ersten Sterne

Man geht davon aus, dass die ersten Sterne groß und fest, vielleicht zehnmal so groß und 10 000-mal so schwer wie unsere Sonne waren. In Sternen dieser Größe laufen Kernreaktionen sehr schnell ab, daher beträgt ihre Lebensdauer „nur" etwa zehn Millionen Jahre. Zum Vergleich, unsere Sonne ist ein durchschnittlich großer Stern, der seit ungefähr fünf Milliarden Jahren scheint. Es wird noch einmal fünf Milliarden Jahre dauern, bis er ausgebrannt ist.

In den ältesten bekannten Sternen, sie sind ungefähr zwölf Milliarden Jahre alt, findet man etwa ein Prozent der Menge an schweren Elementen, die in unserer Sonne existiert. Ein Prozent hört sich zwar wenig an, bedeutet aber, dass diese Sterne nicht zu den ersten des Universums gehören. Wie bereits erwähnt, konnten schwere Elemente nicht durch den Urknall entstehen, sondern mussten andere Ursprünge haben. Wie wir sehen werden, entstehen diese Elemente im Zentrum von großen, kurzlebigen Sternen, die sie am Ende ihrer Existenz ins All schleudern.

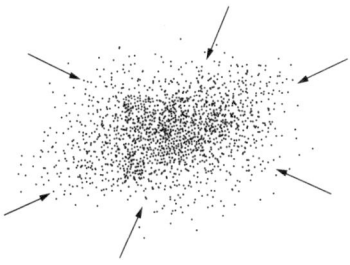

Abb. 4: Die Bildung von Sternen und Galaxien. Die beiden Prozesse sind einander sehr ähnlich. Besitzt eine Gaswolke eine überdurchschnittliche Dichte, beginnt sie aufgrund ihrer Schwerkraft (hier durch Pfeile angedeutet) zu kontrahieren und so noch dichter zu werden. Dadurch wird wiederum die Schwerkraft größer. Dennoch gibt es einen Punkt, an dem dieser Prozess ins Stocken gerät. In einer rotierenden Galaxie wird die Schwerkraft irgendwann durch Zentrifugalkräfte ausgeglichen. Dann kann keine weitere Kontraktion mehr stattfinden. Überdurchschnittlich dichte Gaswolken innerhalb einer Galaxie können jedoch zu Sternen kollabieren.

Es muss also schon vor den ältesten bekannten Sternen eine Sterngeneration gegeben haben. Da diese Sterne geboren wurden und wieder erloschen sind, bevor die späteren Sterne entstanden, müssen sie relativ kurzlebig gewesen sein. Zwölf

Milliarden Jahre reichen schließlich fast an das Alter des Universums heran, und es gibt Sterne der zweiten Generation, die so alt sind. Da die ersten Sterne schnell ausgebrannt sind, müssen sie sehr groß gewesen sein. Niemand weiß genau, wie groß, aber die zehnfache Größe der Sonne ist wohl eine recht präzise Schätzung. Der Grund dafür, dass unsere Sonne 100-mal so viele schwere Elemente enthält wie ältere Sterne, liegt darin, dass sie „nur" etwa fünf Milliarden Jahre alt ist. Als sie entstand, war bereits eine Generation von Sternen ausgebrannt und gestorben, daher waren bereits massenhaft schwere Elemente im Universum vorhanden.

Weiße Zwerge, Rote Riesen und Supernovae

Um zu verstehen, was passiert, wenn ein großer Stern stirbt, betrachtet man am besten den Werdegang eines Sterns von der Größe unserer Sonne. Wie die meisten Sterne bezieht auch die Sonne ihre Energie aus Reaktionen, bei denen im Zentrum des Sterns Wasserstoff zu Helium verschmilzt. Die Masse eines Heliumkerns ist um etwa sieben Promille niedriger als die von vier Protonen. Es gibt nur eine Möglichkeit, was mit der verschwundenen Masse geschehen ist: Sie wurde in Energie umgewandelt. Nach Einsteins berühmter Gleichung $E = mc^2$ gibt es eine Beziehung zwischen Masse und Energie. c steht für die Lichtgeschwindigkeit, sie beträgt 300 000 km/sec. c^2, also die Lichtgeschwindigkeit mit sich selbst multipliziert, ist daher eine sehr große Zahl, anhand der man sehen kann, dass eine geringe Masse einer sehr großen Energiemenge entspricht. Lassen Sie sich nicht dadurch verwirren, dass hier plötzlich die Lichtgeschwindigkeit in der Gleichung auftaucht. c^2 dient hier nur als Umrechnungsfaktor.

Nichts hält ewig, auch der nukleare Treibstoff der Sonne wird irgendwann aufgebraucht. Zuerst wird die Produktion von Energie und Wärme verringert und die Sonne wird beginnen, aufgrund ihrer eigenen Schwerkraft zu kollabieren, da der Druck, der in ihrem Innern durch die chemischen Reaktionen besteht, langsam abnimmt. Obwohl bei den Kernreaktionen weniger Energie frei wird als zuvor, steigt die Temperatur im Zentrum des Sterns. Dies geschieht auf dieselbe Weise wie bei der „Geburt" eines Sterns. In beiden Fällen entsteht Wärme durch Verdichtung.

Wenn die Temperatur eine bestimmte Höhe erreicht hat, beginnt das Helium in der Sonne zu brennen. Zwei Heliumkerne können zu dem Metall Beryllium verschmelzen, das die Massenzahl 8 besitzt. Beryllium 8 ist jedoch nicht stabil.* Es würde sich schnell wieder in zwei Heliumkerne teilen. Trifft es jedoch auf einen dritten Heliumkern, bevor es dazu kommt, entsteht Kohlenstoff (Massenzahl 12).

Auch in sehr großen Sternen kommt es zu ähnlichen Prozessen, bei denen Sauerstoff und andere Elemente, die schwerer sind als Kohlenstoff, entstehen. Der Kern unserer Sonne wird jedoch dafür niemals heiß genug werden. Kohlenstoff wird in ihr das Endprodukt sein.

Bei der Verbrennung von Helium wird enorm viel Energie frei. Es hört sich zwar paradox an, aber dadurch wird die Sonne sich gleichzeitig erhitzen und abkühlen. Während das Zentrum immer wärmer wird, dehnen sich die äußeren Schichten aus und kühlen ab. Die Sonne wird auf das etwa 100-fache ihrer jetzigen Größe anwachsen. Dabei wird ihr Licht ins rote Spektrum verschoben; ein Objekt, das rot glüht, ist, wie wir wissen, kälter als ein weiß glühendes.

Irgendwann wird das gesamte Helium verbrannt sein. Dies wird weitaus weniger lange dauern als der Verbrauch des Wasserstoffs, da die Energieproduktion während der roten Phase

---

* Natürlich entstandenes Beryllium hat die Massenzahl 9. Es besitzt vier Protonen und fünf Neutronen. Aufgrund des zusätzlichen Neutrons ist es stabil.

höher ist. Es wird nur etwa 100 Millionen Jahre dauern, bis das Helium verbrannt ist, also bloß ein Hundertstel der Zeit, die für den Verbrauch des Wasserstoffs benötigt wird. Danach wird sich die Sonne abkühlen und zu einem so genannten Weißen Zwerg zusammenschrumpfen. Es wird nicht mehr genug Energie und Druck produziert, um die äußeren Schichten zu erhalten. Die Sonne wird zwar noch weiter glühen, aber dies ist dann kein Ergebnis chemischer Reaktionen mehr, sondern die Abgabe von Restenergie.

Weiße Zwerge können noch bis zu zehn Milliarden Jahre weiter glühen, bevor sie endgültig sterben und zu Schwarzen Zwergen werden. Da zehn Milliarden Jahre eine Zeitspanne ist, die dem Alter des Universums nahe kommt, müsste es eigentlich viele Weiße Zwerge geben. Und tatsächlich haben Astronomen zahllose solcher Zwerge entdeckt.

Wenn ein Stern wie die Sonne zu einem Weißen Zwerg schrumpft, so tut er dies bis zu einer gewissen Mindestgröße. Irgendwann werden die Elektronen so stark zusammengepresst, dass eine weitere Kontraktion unmöglich ist. Der sterbende Stern wird durch etwas aufrecht erhalten, das man in der Quantenmechanik als Entartungsdruck der Elektronen bezeichnet.

Mit Hilfe der Quantenmechanik kann man die Dichte von Weißen Zwergen ziemlich genau berechnen. Wenn die Sonne ein Weißer Zwerg sein wird, beträgt ihr Durchmesser nur noch etwa ein Hundertstel des jetzigen. Sie wird so stark zusammengepresst sein, dass ihre Dichte eine Million Mal größer ist als die von Felsgestein auf der Erde.

Die Quantenmechanik bestimmt auch, wie groß ein Weißer Zwerg sein kann. Wenn seine Masse größer ist als das 1,4-fache der Sonne, wird seine Schwerkraft sogar den Entartungsdruck der Elektronen überwinden. Physiker beschreiben diesen Prozess mit komplizierten mathematischen Gleichungen, man kann ihn jedoch auch simpler veranschaulichen. Die Elektronen des Sterns werden praktisch in die Protonen hineingepresst, sodass Neutronen entstehen. Dann schrumpft der Stern so lange weiter, bis die Neutronen so eng wie möglich gepackt sind. Das Ergebnis ist ein Neutronenstern. Neutronensterne glühen nicht wie Weiße Zwerge, aber dennoch hat man sie entdeckt, denn sie geben unter anderem Radiowellen ab, die man messen kann. Als einige Wissenschaftler 1967 den ersten Neutronenstern entdeckten, glaubten sie anfangs, Signale einer außerirdischen Zivilisation zu empfangen. Die Radiowellen traten jedoch zu regelmäßig auf, sie erschienen alle 1,337 s und waren 0,016 s lang. Dieser Rhythmus ließ auf eine natürliche Ursache schließen, die sich schließlich als Neutronenstern herausstellte, der sehr schnell rotierte und dabei in eine bestimmte Richtung strahlte. Alle 1,337 s streifte das Signal die Erde wie das Lichtzeichen eines Leuchtturms.

Ein Weißer Zwerg kann zwar nur 1,4-mal so schwer sein wie die Sonne, muss aber deshalb nicht aus einem Stern dieser Größe entstanden sein. Am Ende ihres Lebens schleudern Sterne große Mengen Materie ins All. Ein Stern kann die achtfache Sonnenmasse besitzen und dennoch ein Weißer Zwerg werden. Noch schwerere Sterne werden zu Neutronensternen oder Schwarzen Löchern.

Ein Schwarzes Loch entsteht, wenn die Überreste eines toten Sterns so massiv sind, dass sie selbst durch den Entartungsdruck der Elektronen nicht bestehen bleiben können. Dann kollabiert die gesamte Materie des Sterns und schrumpft auf die Größe eines mathematischen Punkts zusammen. Man weiß nicht genau, was während der letzten Phase eines solchen Kollapses passiert, denn wenn die Dichte der Materie in dem Stern zu groß wird, gilt Einsteins Allgemeine Relativitätstheorie nicht mehr. Sie kann die Eigenschaften einer *Singularität* (dies ist der wissenschaftliche Ausdruck für die komprimierte Materie im Zentrum eines Schwarzen Lochs) ebenso wenig erklären wie die Vorgänge im ganz jungen Universum. Wir müssen also auf die lang erwartete Theorie der Quantengravitation warten, bevor wir zu einem umfassenden Verständnis gelangen können.

Abb. 5: Manche Schwarzen Löcher sind hell. Wenn ein Schwarzes Loch Teil eines binären Sternensystems ist, saugt es mit Hilfe seiner mächtigen Schwerkraft Materie von der Oberfläche des Begleitsterns ab. Sie wird sich dem Schwarzen Loch spiralförmig nähern und absorbiert. Dabei gewinnt sie ständig an Geschwindigkeit und gibt große Mengen Energie in Form von Licht und anderer Strahlung ab. Obwohl man ein Schwarzes Loch nicht sehen kann, ist es also dennoch nachweisbar.

Sicher ist jedoch, dass Schwarze Löcher ihren Namen verdienen. Sie sind absolut schwarz. Nichts kann aus einem Schwarzen Loch entweichen, nicht einmal Licht. Schwarze Löcher geben zwar kein Licht ab – auch keine andere Strahlung –, man kann sie aber trotzdem nachweisen. Wenn ein Schwarzes Loch Teil eines binären Sternensystems ist, saugt es nämlich mit seiner enormen Schwerkraft Materie von seinem Begleiter ab, die strahlt. Diese Materie wird auf einer spiralförmigen Bahn um das Loch beschleunigt und gibt große Mengen Energie ab. Wenn sie in dem Schwarzen Loch verschwindet, ist dies endgültig. Man kann Materie nur beobachten, bevor sie von einem Schwarzen Loch verschluckt wird.

Neutronensterne und Schwarze Löcher sind die Überreste von sehr großen und schweren Sternen. Aufgrund der höheren Temperaturen und Druckverhältnisse sterben sie einen heftigeren Tod als den, der unserer Sonne bevorsteht. Während sich der Kern zusammenzieht und gegen Ende des Sternlebens immer wärmer wird, verschmelzen Kohlenstoff und Helium zu Sauerstoff. Da die Temperatur weiter steigt, bilden sich noch schwerere Elemente, bis schließlich Eisen entsteht, das stabilste aller Elemente. Bei der Bildung noch schwererer Elemente wird keine Energie frei; um sie zu formen, muss Energie aufgewendet werden.

Wenn ein Stern seinen gesamten nuklearen Treibstoff verbraucht hat, kollabiert der Kern. Dabei kommt es zu einer Explosion, die die äußeren Schichten des Sterns in den Weltraum hinausschleudert. Einige chemische Reaktionen laufen mit einer solchen Heftigkeit ab, dass Elemente gebildet werden, die schwerer als Eisen sind – allerdings nicht in großen Mengen. Eisen ist das Endprodukt von Kernfusion, bei der Energie frei wird, deshalb kommt dieses Metall sehr viel häufiger vor als schwereres wie etwa Blei, Gold oder Uran.

Es gibt eigentlich zwei Sorten von Supernovae. Die eben beschriebene bezeichnet man als Typ II. Supernovae vom Typ I entstehen, wenn Weiße Zwerge innerhalb von binären Systemen beteiligt sind. Befinden sich diese Sterne in geringem Abstand voneinander, kann der Zwerg Materie von der Oberfläche des anderen Sterns absaugen. Es kommt dann zu einer Supernova vom Typ I, wenn der Weiße Zwerg mehr als das 1,4-fache der Masse unserer Sonne anhäufen kann. Wenn das geschieht, kann der Entartungsdruck der Elektronen den Stern nicht mehr stabil halten, er kollabiert auf ähnliche Art und Weise wie eine Supernova vom Typ II. Supernovae vom Typ I unterscheiden sich dadurch vom Typ II, dass sie alle gleich hell sind und kein Wasserstoff frei wird. Bei einer Supernova vom Typ II wird Wasserstoff frei, weil manche Reaktionen so schnell und heftig ablaufen, dass Wasserstoff gar nicht die Möglichkeit hat, zu Helium zu verschmelzen. Supernovae des Typs I haben den Großteil des im Universum existierenden Eisens produziert, während die Typ II die Mehrheit der schweren Elemente entstehen lässt. Beide Typen spielen in der kosmischen Evolution eine wichtige Rolle.

Supernovae lassen sich nur sehr selten beobachten. Man schätzt, dass es etwa zu einer Supernova pro Jahrhundert und Galaxie kommt. Ein Jahrhundert ist im Vergleich zum Alter des Universums allerdings eine sehr kurze Zeitspanne, außerdem hat es in der Vergangenheit mehr Supernovae gegeben, weil sich einfach mehr Sterne bildeten als heute.* Es gab also etliche Gelegenheiten, bei denen die schwereren Elemente sich bilden konnten.

Die bei einer Supernova verteilte Materie hat wieder Teil an der Bildung folgender Generationen von Sternen und den sie umgebenden Planeten. Ohne Überreste von Supernovae würde es die Elemente, aus denen wir und unser Planet zusammengesetzt sind, wie Kohlenstoff, Sauerstoff, Stickstoff, Silizium und Eisen, gar nicht geben.

Wenn ein Stern zu einer Supernova wird, laufen viele komplexe Reaktionen ab. Dennoch ist dieser Prozess heute recht genau geklärt, zumindest sein grober Ablauf. Der Beweis für die Richtigkeit von Supernova-Theorien wurde 1987 erbracht, als man eine Supernova in der Großen Magellanschen Wolke beobachtete, eine kleine Galaxie, die die Milchstraße begleitet. Betroffen davon war ein Stern, der nah genug war, um ihn observieren und katalogisieren zu können, sodass mehrere Astronomen an dem Anblick teilhaben konnten. Die von der Supernova ausgehende Kosmische Strahlung** wurde ebenso beobachtet und gemessen wie die frei werdenden Radiowellen.

Besonders bemerkenswert war jedoch die Entdeckung eines großen Neutrinostroms noch bevor das sichtbare Licht der Explosion hier ankam. Wissenschaftler hatten schon lange diskutiert, dass der Kollaps im Kern einer Supernova mit frei werdender Energie in Form von Neutrinos einhergehen könnte.

Neutrinos sind sehr leichte, im Universum allgegenwärtige Teilchen. Sie treten etwa 100-Millionen-mal häufiger auf als Protonen und bewegen sich fast mit Lichtgeschwindigkeit. In jeder Sekunde fliegen zahllose von ihnen durch unsere Körper.

---

* In den Spiralarmen unserer Galaxie entstehen auch jetzt neue Sterne.
** Kosmische Strahlung ist keine Strahlung im eigentlichen Sinne. Sie besteht aus Atomkernen, die sich mit hoher Geschwindigkeit fortbewegen.

Das ist aber nicht schlimm, weil sie selten mit anderer Materie reagieren. Die meisten Neutrinos, die auf uns treffen, durchqueren die ganze Erde, ohne irgendwo anzustoßen.

Trotzdem kann man Neutrinos aufspüren. In der Wissenschaft verwendet man riesige unterirdische Detektoren, die in der Lage sind, die seltenen Reaktionen von Neutrinos zu messen. Sie sind deshalb unterirdisch aufgebaut, damit man die kosmische Strahlung herausfiltern kann, die ansonsten die Versuchsergebnisse verfälschen könnte. Als man den großen Neutrinostrom vor der Supernova beobachten konnte, bedeutete dies nur eine Bestätigung dessen, was Wissenschaftler schon lange vermutet hatten. Darüber waren sie natürlich hoch erfreut.

Diese Supernova-Explosion war nicht sehr groß. Sie war längst nicht so hell wie andere Supernovae vom Typ II, die in anderen Galaxien vorkommen. Sie versorgte die Wissenschaftler jedoch mit einer riesigen Menge von Beobachtungsdaten, die es ihnen ermöglichte, die Abläufe im Innern einer Supernova besser als je zuvor zu verstehen.

Die Entstehung des Sonnensystems

Vor fünf Milliarden Jahren begann sich unser Sonnensystem aus einer interstellaren Wolke aus Gas und Staub herauszubilden. Das Gas setzte sich hauptsächlich aus Wasserstoff und Helium zusammen, die Staubteilchen bestanden aus Elementen, die bei anderen Supernovae entstanden waren. Diese Entwicklung wurde möglicherweise durch die Druckwelle einer nahen Supernova ausgelöst. Viele Sterne treten heute auf diese Weise hervor.

Während die Wolke kollabierte, formte sich ein dichtes, rotierendes Zentrum. Aus ihm sollte später die Sonne werden. Eine ständig beschleunigende Scheibe aus Staub und Gas umgab das Zentrum. Die entstehenden Zentrifugalkräfte sorgten dafür, dass nicht die ganze Materie in das Zentrum fiel.

Wie die Gaswolken, aus denen die Galaxien und Sterne entstanden, war auch die Staubscheibe nicht überall von gleichmäßiger Dichte. Die etwas dichteren Regionen saugten Staub aus der Umgebung an und bildeten kleine Klumpen. Nach heutigen Berechnungen hatten sie etwa die Größe von Asteroiden, und man nennt sie Planetesimale. Richtige Planeten gab es damals noch nicht.

Aufgrund der Schwerkraft nahmen die größten Planetesimale an Umfang zu. Durch Kollisionen wurden aus kleinen Klumpen größere. Manche Wissenschaftler glauben zum Beispiel, dass die in Entstehung begriffene Erde einst von einem Brocken von der Größe des Mars getroffen wurde. Obwohl viele Zusammenstöße sehr heftig waren, kam es insgesamt zu einem Wachstum der Planetesimalen.

Die Planetesimale zogen sowohl Gas als auch Staub an. Planeten wie Jupiter und Saturn, die man als Gasriesen bezeichnet, weil sie hauptsächlich aus Gas bestehen, besitzen Kerne aus Gestein. Ihre Kerne sind aber im Verhältnis zur Gesamtgröße relativ klein. Die inneren Planeten waren dagegen nicht groß genug, um viel Wasserstoff oder Helium festhalten zu können; die leichten Gase trieben wieder ins All hinaus. Ein kleiner Planet kann nicht genug Schwerkraft aufbringen, um leichte Elemente an sich zu binden.

Die Erde bildete sich vor 4,6 Milliarden Jahren. Zu dieser Zeit gab es extrem viele Kollisionen zwischen Planeten und Asteroiden. Untersuchungen über den Mond, Merkur und Mars zeigen anhand der Einschlagkrater, dass es damals 1000-mal mehr Zusammenstöße gab als heute. Bei jeder Kollision nahm die Masse des Planeten zu. Die Planeten erreichten schon in den ersten 100 Millionen Jahren der Entstehung des Sonnensystems ziemlich genau ihre heutige Größe.

Aufgrund der Vielzahl auf der Erde einschlagender Körper entstand so viel Energie, dass sich im Innern der Erde ein größtenteils aus Eisen bestehender, geschmolzener Kern bildete. Dieser Kern ist heute noch flüssig. Die beim Zerfall radioaktiver Elemente freigesetzte Energie sorgt für konstant hohe Temperaturen. Während sich der Eisenkern bildete, trieben die leichteren Elemente nach außen und schufen einen Mantel aus Gestein. Auch dieser blieb vorerst flüssig, die Erde hatte keine feste Oberfläche.

Die Erdatmosphäre bestand anfangs hauptsächlich aus Stickstoff und Kohlendioxid. Es gab wenig oder gar keinen Sauerstoff. Der Sauerstoff in unserer Atmosphäre wurde erst viel später von Bakterien durch Photosynthese gebildet. Es existierten auch noch keine Ozeane. Der Großteil des Wassers, das heute die Erdoberfläche bedeckt, wurde bei Vulkanexplosionen frei. Das Wasser stammt ursprünglich wahrscheinlich von Eis-Kometen, die auf der Erde einschlugen (Kometen werden gelegentlich auch als „schmutzige Eisbälle" bezeichnet, wobei der „Schmutz" aus verschiedenen anderen Substanzen besteht).

Im Grunde könnte es keine lebensfeindlichere Umgebung geben. Die Erde war nicht nur extrem heiß, sie war außerdem einer starken ultravioletten Strahlung der Sonne ausgesetzt. Da die Atmosphäre keinen Sauerstoff enthielt, gab es auch keine Ozonschicht, die als Filter dienen konnte.

Dennoch entwickelte sich Leben, und zwar relativ schnell, sobald die Bedingungen etwas besser wurden. Dies ist das Thema des nächsten Kapitels.

Kapitel 3
Die Entstehung des Lebens

Das Erstaunlichste an unserem Universum ist, dass die Entstehung des Lebens irgendwie aus den Gesetzen der Physik zu resultieren schien. Das ist merkwürdiger, als es sich zunächst anhört. Anscheinend leben wir in einem ganz besonderen Universum. Wenn jene Gesetze nur etwas anderer Natur wären, hätte das Leben sich niemals entwickeln können. Es würde das Universum zwar geben, aber niemand wäre da, um es anzusehen.

Wenn die Schwerkraft zum Beispiel nur etwas geringer wäre, als sie faktisch ist, hätten sich Sterne und Galaxien nie gebildet. Die Gravitationskraft hätte nicht ausgereicht, um Wasserstoff und Helium so zum Kondensieren zu bringen, wie es in unserem Universum geschehen ist. Wäre die Schwerkraft dagegen etwas stärker gewesen, hätte sich das Gas schneller zusammengezogen. Dadurch wären im Innern der Sterne so hohe Temperaturen entstanden, dass ihre Energie sehr schnell verbraucht worden wäre. Ein Stern von durchschnittlicher Größe wie unsere Sonne würde so schnell ausbrennen, dass Leben, das sich entwickelt hätte, alsbald wieder verschwunden wäre. Bei noch größerer Schwerkraft wären Sterne schon kurz nach ihrer „Geburt" wie Bomben explodiert.

Ein Neutron ist etwas schwerer als ein Proton. Deshalb kann es in ein Proton und ein Elektron (und natürlich ein Neutrino) zerfallen. Diese Reaktion läuft nicht etwa ab, weil das Neutron sowieso ein zusammengesetztes Teilchen ist. Im Gegenteil, das Elektron entsteht spontan während der Reaktion. Wenn jedoch das Gegenteil der Fall, also ein Proton schwerer wäre, würde es in Neutronen zerfallen, und es gäbe keine Atome. Schließlich bindet sich ein Elektron nicht an ein Partikel, das keine elektrische Ladung besitzt. Unter diesen Umständen gäbe es im Universum nichts als Neutronen. Und wären die Teilchenkräfte innerhalb der Atomkerne nur um fünf Prozent schwächer gewesen, als sie sind, hätte sich kein Deuterium bilden können.

Die Kräfte hätten dann nicht mehr ausgereicht, um Protonen und Neutronen aneinander zu binden. Ohne Deuterium wären keine Elemente zustande gekommen, die schwerer als Wasserstoff sind. Deuterium ist der erste Schritt auf dem Weg zur Kernsynthese. Auch Körper von Sterngröße hätten keine Energie produzieren können. Im Übrigen kann man sich wohl kaum lebende Organismen vorstellen, die aus nichts als Wasserstoffgas bestehen.

Wäre die elektromagnetische Kraft, die Moleküle aneinander bindet, etwas kleiner, so wäre es nicht zur Bildung von festen und flüssigen Stoffen gekommen. Stärkere Kraft hätte dazu geführt, dass kein Atomkern mit mehr als einem Proton entstanden wäre. Dies wäre durch die elektrische Abstoßung zwischen den positiv geladenen Protonen verhindert worden. Auch in diesem Fall gäbe es im Universum nichts als Wasserstoff.

Beim Urknall sind, wie gesagt, keine schwereren Elemente als Lithium entstanden, diese bilden sich vielmehr im Innern von Sternen. Die Bildung dieser Elemente scheint auf einem außergewöhnlichen Zufall zu beruhen. Gemäß der Quantenmechanik kann ein Atomkern nur ganz bestimmte Energiemengen besitzen. Er kann sich nur in einzelnen, definierten Energiezuständen befinden, aber keine Energiemenge dazwischen aufweisen. Zufällig besitzen Beryllium- und Kohlenstoffkerne genau das Energieniveau, das Voraussetzung für die Bildung von Kohlenstoff ist. Läge dieses Niveau etwas höher oder niedriger, gäbe es bis heute nur die Elemente, die beim Urknall entstanden sind. Interessanterweise wurde auf die

Existenz des relevanten Energieniveaus bereits von Fred Hoyle hingewiesen, bevor dies von Kernphysikern nachgewiesen wurde. Als die Physiker, die sich nicht gerne von Astronomen sagen lassen, was sie zu tun haben, schließlich begannen, nach jenem Niveau zu suchen, fanden sie es genau dort, wo Hoyle es vermutet hatte.

Es scheint fast so, als ob das Universum absichtlich so konstruiert wurde, dass Leben entstehen konnte. Ich verwende hier extra das Wort *fast*, weil dies nicht notwendigerweise auf die Existenz eines Schöpfers hinweist. Einige Wissenschaftler glauben, dass es noch viele, vielleicht unendlich viele andere Universen gibt. Wenn nicht überall dieselben Gesetze herrschen, sind die meisten von ihnen ohne jedes Leben. Unser Universum ist so, wie es ist, weil wir sonst nicht hier wären, um es zu betrachten.*

Ich werde auf das Thema Paralleluniversen noch einmal im letzten Kapitel zurückkommen, wenn es um aktuelle kosmologische Theorien geht. An dieser Stelle werde ich mich aber weiterhin darauf beschränken, Fakten zu diskutieren, die entweder beweisbar sind oder von Beobachtungen abgeleitet werden können, und damit auf die Entstehung des Lebens eingehen. Ich springe hier ohne Bedenken zwischen Kosmologie, Astrophysik und Biologie hin und her, denn die Entstehung des Lebens ist auch ein Teil der kosmischen Evolution.

Der Ursprung des Lebens

Das Leben hat sich auf der Erde mit geradezu atemberaubender Geschwindigkeit entwickelt. Durch Einschläge von Asteroiden und Meteoriten herrschte in der Frühgeschichte der Er-

---

* Natürlich beweist dies auch nicht, dass es *keinen* Schöpfer gibt. Über dieses Thema möchte ich mich aber nicht weiter auslassen, da es nicht in den Bereich Naturwissenschaft gehört.

de eine so große Hitze, dass ihre Oberfläche 800 Millionen Jahre lang flüssig blieb. Von den 4,6 Milliarden Jahren, die die Erde existiert, gibt es also „erst" seit 3,8 Milliarden Jahren eine feste Oberfläche. Aber schon eine Milliarde Jahre nach ihrer Entstehung strotzte die Erde vor Leben. Man hat in den Gesteinen Australiens Fossilien von Organismen gefunden, die blaugrünen Algen ähneln und 3,5 Milliarden Jahre alt sind. In Grönland fand man chemische Spuren von Leben, die sogar 3,85 Milliarden Jahre alt sind. Auch wenn es damals schon lebende Organismen gegeben hat, bedeutet dies nicht unbedingt, dass es sich um unsere Vorfahren handelt. Sie könnten auch durch den Einschlag eines besonders großen Körpers ausgelöscht worden sein; das Leben hätte sich auch später noch einmal entwickeln können. In jedem Fall deutet alles darauf hin, dass Leben sich zu entfalten begann, sobald die Erdkruste sich so stark abgekühlt hatte, dass Ozeane entstehen konnten und somit eine lebensfreundliche Welt.

Manche Wissenschaftler glauben, dass die erforderlichen Komponenten für die Entstehung von Leben bereits vorhanden waren, als die Kruste abkühlte. Man hat schon viele organische Stoffe im Weltraum entdeckt, darunter auch Aminosäuren, das sind die Bausteine von Proteinen. Wenn sich eine Gaswolke weit genug abkühlt, beginnen in ihr chemische Reaktionen abzulaufen. Tatsächlich hat man schon Molekülwolken gefunden, die so viel Alkohol enthielten, dass die Bevölkerung der ganzen Galaxie ohne weiteres eine Party damit ausrichten könnte.

Es waren jedoch Aminosäuren und nicht der Alkohol, die eine fundamentale Rolle bei der Entstehung von Leben spielten. Sie könnten mit interplanetarischen Staubpartikeln auf die Erde gelangt sein, aber auch durch den Schweif eines Kometen, der die Erde gestreift hat. Wahrscheinlich ist beides. Ferner könnten Aminosäuren auch direkt auf der Erde entstanden sein. Diese Möglichkeit wurde bereits in vielen Experimenten nachgewiesen. Es ist nicht ganz klar, woraus die Atmosphäre der jungen Erde bestand, die größten Anteile lieferten aber wohl Kohlendioxid und Stickstoff. Es sind jedoch schon etliche Versuche durchgeführt worden, bei denen unterschiedliche Atmosphären simuliert wurden. Dabei zeigte sich, dass Aminosäuren und Nukleotiden – die Bausteine der DNS – unter ganz verschiedenen Bedingungen entstehen können.

Aminosäuren und andere Stoffe, die für das Leben unerlässlich sind, können nicht in Anwesenheit von Sauerstoff gebildet werden. Doch erst vor zwei Milliarden Jahren begannen zur Photosynthese fähige Organismen, große Mengen von Sauerstoff in der Atmosphäre frei zu setzen. Die Bedingungen für die Entstehung von Leben waren also ideal.

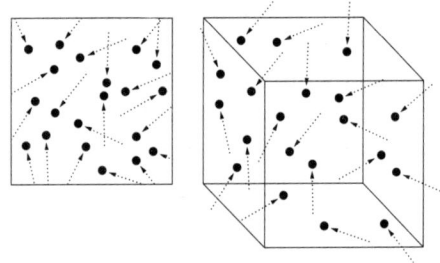

Abb. 6: *Die Konzentration organischer Moleküle auf einer Fläche. Wenn eine Lösung organischer Stoffe auf einer Fläche konzentriert wird (Abb. 6a), treffen sie mit größerer Wahrscheinlichkeit aufeinander, als wenn sie sich in einer dreidimensionalen Umgebung befindet (Abb. 6b). Es ist innerhalb von drei Dimensionen leichter, ein anderes Molekül „zu verpassen", als in zweien.*

Lebende Organismen kolonisierten die Erdoberfläche erst vor 400 Millionen Jahren, als sich die ersten Kontinente ausbildeten. Drei Milliarden Jahre hatte Leben nur im Wasser existiert. Trotzdem können wir davon ausgehen, dass es nicht dort entstanden ist. Die Urozeane enthielten bloß geringe Mengen Aminosäuren und andere organische Stoffe. Deshalb kann es schwerlich zu den Reaktionen gekommen sein, bei denen komplexere Moleküle entstanden. Im Übrigen neigt Wasser dazu, Aminosäureketten aufzubrechen. Falls sich vor 3,5 Milliarden Jahren wirklich Proteine in den Ozeanen gebildet haben sollten, sind sie sofort wieder zerfallen.

Es gab jedoch auch andere Umfelder, in denen Leben sich noch leichter hätte entwickeln können. Wenn durch die Wärmestrahlung der Sonne eine Wasserpfütze ausgetrocknet war, wurde die Konzentration der in ihr enthaltenen chemischen Stoffe vergrößert. Dadurch trafen die einzelnen Stoffe häufiger aufeinander, und es konnte zu entsprechend mehr Reaktionen kommen. Das Leben ist möglicherweise, wie Charles Darwin schon angenommen hat, tatsächlich in einem „kleinen warmen Tümpel" entstanden. Gemäß einer anderen, derzeit sehr populären Theorie, begann das Leben auf einer staubigen Ebene. Chemische Stoffe, die an einer zweidimensionalen Fläche haften, treffen häufiger aufeinander als in einer dreidimensionalen Umgebung. Ein Grund dafür, das Schach ein so komplexes Spiel ist, ist die zweidimensionale Spielfläche. Dadurch können die Spielfiguren in zahllosen Kombinationen interagieren.

Die exakten Bedingungen, unter denen das Leben begann, sind nicht bekannt. Forscher sind sich jedoch darin einig, dass zuvor eine chemische Reaktion stattgefunden haben muss. Unter bestimmten Voraussetzungen kommt es zur Bildung von komplexeren Molekülen. Sind Proteine oder die RNS (ein simplere Variante der DNS) der Beginn des Lebens? Man weiß es nicht. Beide sind essenziell für die Entstehung von Leben, aber es ist unmöglich, herauszufinden, was zuerst da war. Einigkeit herrscht unter den Forschern nur darüber, dass das Leben wahrscheinlich auf DNS basiert. Jeder existierende lebende Organismus benutzt die DNS, um seinen genetischen Code weiterzugeben. Die DNS besteht jedoch aus zwei miteinander verschlungenen Ketten (der *Doppelhelix*). Diese beiden Ketten müssen getrennt werden, um reproduzieren zu können. Dafür sind wiederum Proteine erforderlich. Die DNS an sich ist ziemlich träge.

Die Protein- und die DNS-Theorie sind jedoch nicht die einzigen Möglichkeiten. Der am Institut von Santa Fe in New Mexico beschäftigte Biologe Stuart Kauffman hat eine interessante These aufgestellt. Mit Hilfe von Computersimulationen versucht Kauffman nachzuweisen, dass Leben spontan entstehen kann, wenn die beteiligten organischen Stoffe einen gewissen Grad an Komplexität erreichen. Nach Kauffmans Überlegungen spielt es keine Rolle, ob sich zuerst Proteine oder RNS entwickelt haben, wichtig ist vielmehr die Wechselwirkung zwischen den Stoffen. Viele Wissenschaftler sprechen sich für diese Theorie aus, doch es gibt leider keine Möglichkeit, sie mit Hilfe von Testversuchen zu verifizieren.

Immerhin kann man die Ursprünge des Lebens ungefähr nachvollziehen. Es gab organische Stoffe auf der jungen Erde. Unter bestimmten Bedingungen konnten sie miteinander reagieren und komplexere Moleküle bilden. Irgendwann entstanden Systeme, die zur Reproduktion fähig waren. Wenn diese Systeme auch mutieren konnten, waren sie im Grunde bereits einfache, lebende Organismen. Die Evolution schritt voran, und schon bald waren die Ozeane voller Algen und Bakterien. Sie entwickelten sich schließlich über Milliarden von Jahren zu den Lebensformen weiter, die heute die Erde bevölkern.

Leben im Universum

Da sich Leben auf der Erde so schnell entwickelt hat, schließen Wissenschaftler daraus, dass es wahrscheinlich überall im Universum existiert. Unterstützt wird diese Theorie durch die Entdeckung von Planeten in anderen Sonnensystemen, denn diese bestätigt wiederum die Theorie, dass viele Sterne Planeten besitzen. Besonders interessant ist für die Forschung die Möglichkeit, dass es Leben auf dem Mars gegeben haben könnte. Der Mars weist heute fast gar keine Atmosphäre und praktisch kein Wasser auf. Es gibt jedoch Hinweise darauf, dass es in ferner Vergangenheit Wasser an der Oberfläche gegeben haben könnte sowie eine Atmosphäre. Mars ist ein relativ kleiner Planet, dessen geringe Schwerkraft atmosphärische Gase nicht so ohne weiteres binden konnte wie die der Erde.

Natürlich glaubt niemand daran, dass wir eines Tages herausfinden, dass der Mars von kleinen grünen Männchen bewohnt wurde. Wenn es dort Leben gegeben hat, dann wahrscheinlich nicht lange genug für die Entstehung komplexer Organismen. Es könnte jedoch durchaus sein, dass wir Spuren von Mikroorganismen an der Oberfläche entdecken werden. Übrigens enthält der Marsmeteorit, der in den späten 90er Jahren so große Aufmerksamkeit auf sich zog, im Gegensatz zur anfänglichen Ansicht einiger Wissenschaftler wahrscheinlich doch keine Spuren von Leben. In den Jahren nach seiner Entdeckung erschienen die Indizien auf Leben immer weniger schlüssig, und inzwischen ist man übereingekommen, dass der Meteorit ausschließlich anorganische Stoffe enthält.

Solange wir kein außerirdisches Leben entdeckt haben, können wir natürlich nicht sicher sein, ob es irgendwo sonst im Universum Leben gibt. Zwar hat es sich auf der Erde schnell entwickelt, doch gibt es keinen Nachweis, ob dies nicht vielleicht Zufall war.

Soweit wir wissen, hängt die Entstehung von Leben von mehreren sehr seltenen Ereignissen ab; die Erde könnte durchaus der einzige Planet in unserer Galaxie sein, der Leben beherbergt. Die Tatsache, dass man nicht ganz genau weiß, wie Leben entstanden ist, ist ein Unsicherheitsfaktor, der vielleicht nie ausgeräumt werden kann. Wir können schließlich nicht 3,5 oder 3,8 Milliarden Jahre in die Vergangenheit reisen, um zu sehen, wie es gewesen ist. Alles, was wir tun können, ist, mögliche Szenarios zu erdenken. Unter diesen Umständen gibt es keine Chance, herauszufinden, ob Leben im Universum häufiger vorkommt oder sehr selten ist.

Nehmen wir einmal an, das Leben wäre in Wasserpfützen entstanden. Dazu hätte es niemals kommen können, wenn die Erde keinen großen Mond besessen hätte, der die Gezeiten bewirkte. Wie viele solcher Monde existieren, weiß jedoch niemand. Sicher ist nur, dass die Erde der einzige der inneren Planeten ist, der einen solchen Mond besitzt. Venus und Merkur haben gar keine Monde, während die von Mars relativ klein sind, zu klein, um sich auf Vorgänge auf der Planetenoberfläche auszuwirken. Wenn das Leben andererseits auf einer staubigen Oberfläche entstanden ist, gibt es wahrscheinlich sehr viel davon. Die chemische Zusammensetzung der Stoffe, die auf der Erde existieren, sind schließlich alles andere als einzigartig. Es gibt sie wahrscheinlich auf vielen der Erde ähnlichen Planeten. Wenn die Theorien über Kernsynthese stimmen – wovon wir ausgehen –, muss es noch eine Reihe von Planeten geben, die chemisch ähnlich aufgebaut sind wie die Erde. So lange die genauen Vorgänge nicht bekannt sind, lässt sich auch nicht mit Sicherheit sagen, ob das Leben auf der Erde von Außenfaktoren abhängt, die auf irgendeine Art und Weise einzigartig sind.

Immerhin scheint die Theorie, dass das Universum voller Leben steckt, absolut plausibel. Man kann also durchaus darüber spekulieren, wie außerirdisches Leben wohl aussehen könnte. Dabei wird man aber wieder mit einer ganzen Reihe von Unsicherheiten konfrontiert. Es dauerte beispielsweise über drei Milliarden Jahre, bis mehrzellige Lebensformen auf der Erde entstanden sind. Fossilienfunde deuten darauf hin, dass sie wahrscheinlich der letzten Phase des so genannten Präkambriums – vor 570–680 Millionen Jahren – entstammen. Wir haben keine Möglichkeit herauszufinden, ob diese Entwicklung unausweichlich war oder ganz bestimmte Voraussetzungen dafür nötig waren. Es könnte durchaus sein, dass Leben diese Evolutionsstufe meistens nicht überschreitet. Wir können aber nicht sicher sein, bevor wir nicht mehr darüber wissen, welche Vorgänge dazu geführt haben, dass sich Leben so entwickelt hat wie auf der Erde.

Genau deshalb ist übrigens die Suche nach Leben auf dem Mars so wichtig. Könnten wir dort Hinweise auf Leben finden, wären viele Zweifel ausgeräumt. Dann könnten wir mit Fug und Recht behaupten, Teil eines Universums voller lebender Organismen zu sein. Vielleicht könnte man daraus sogar einige Schlüsse über den Ursprung mehrzelliger Organismen ziehen.

Außerirdische Zivilisationen

Angenommen, Leben wäre wirklich an vielen verschiedenen Orten entstanden. Trotz aller Unwägbarkeiten ist das sehr wohl möglich. Wie groß ist dann die Chance, dass wir irgendwann mit einer anderen, technologisch fortgeschrittenen Zivilisation in Kontakt treten können? Lohnt es sich wirklich, auf Radiowellen zu achten, mit deren Hilfe wir in interstellaren Kontakt treten könnten?

Beginnen wir damit, dass mehrzelliges Leben ein konsequenter Schritt in der Evolution ist. Es scheint eine ganz natürliche Entwicklung zu sein. Viele Einzeller bilden eine Kolonie, also spricht nichts dagegen, dass die Evolution irgendwann zu mehrzelligem Leben führt. Auf der Erde existieren auch Zwischenformen. Die so genannte Portugiesische Galeere – eine Quallenart – sieht zwar aus wie ein einzelliger Organismus, ist aber tatsächlich eine Verbindung vieler Individuen mit spezialisierten Funktionen. Schwimmkörper, Tentakel, Fortpflanzungs- und Verdauungsorgane besitzen alle das gleiche genetische Make-up. Trotzdem ist die Portugiesische Galeere eine Kolonie, kein mehrzelliger Organismus. Die unterschiedlichen Organismen, aus denen sie besteht, haben diverse Formen angenommen. Man kann sich leicht vorstellen, dass die Galeere eine Stufe in der Evolution mehrzelliger Lebensformen repräsentiert.

Die Entwicklung von Intelligenz ist dagegen ein problematischerer Punkt, denn wir haben keine Vorstellung davon, wie wahrscheinlich ihr Aufkommen ist. Schließlich hat sich Intelligenz nur einmal auf der Erde entwickelt, also dürfte sie im

Universum relativ selten sein. Die Evolution an sich hat nun mal kein bestimmtes Ziel. Sie wird ausschließlich durch den Zufall bestimmt. Dabei führt sie zur Entwicklung von Organismen, die an ihre Umgebung besonders gut angepasst sind. Es wäre jedoch absurd zu glauben, dass wir deshalb besser angepasst seien als andere Lebewesen. Der Homo sapiens existiert „erst" seit etwa zwei Millionen Jahren. Also sind wir von dem Erfolg der Kakerlake noch sehr weit entfernt, die sich vor immerhin 300 Millionen Jahren herausgebildet hat. Ihre Anpassungsfähigkeit ist außergewöhnlich. Irgendetwas des Lebens in der afrikanischen Savanne hat dazu geführt, dass unsere Vorfahren begannen, größere Gehirne auszubilden. Aber wir wissen nicht wirklich, was dieses Etwas war oder wie häufig es anderswo vorkommt. Wenn die Entwicklung der Intelligenz zwingend gewesen wäre, hätte sie schon bei den Dinosauriern stattgefunden. Denn die Dinosaurier haben die Erde viel länger bevölkert als die Menschen. Aus irgendeinem Grund hat sich die Intelligenz aber damals nicht weiterentwickelt. Einige Spezies hatten zwar erstaunliche Fähigkeiten an den Tag gelegt, bevor sie durch den Einschlag eines Asteroiden vernichtet wurden, aber es ist fraglich, ob sie weitere Fortschritte gemacht hätten.

Kommt es zur Entstehung von Intelligenz, heißt das noch nicht, dass auch eine Zivilisation entsteht. Das ist auf der Erde nur ein einziges Mal passiert. Es hat viele verschiedene hoch entwickelte Kulturen auf der Erde gegeben. Sie bildeten sich in Griechenland, in China und Indien, in der Neuen Welt und an anderen Orten. Die Maja, um nur ein Beispiel zu nennen, hatten eine sehr komplexe Gesellschaftsform. Aber die experimentelle Wissenschaft kam nur in Westeuropa auf. Natürlich sind Wissenschaft und Technologie nicht dasselbe. Eine große Zahl Erfindungen sind in der westlichen Zivilisation gemacht worden, lange bevor die Wissenschaft in der Lage war, sie zu erklären. Trotzdem ist die Wissenschaft eine notwendige Voraussetzung der Errungenschaften, die für uns heute selbstverständlich geworden sind. Die Kunst, Schwerter herzustellen, war bereits erstaunlich ausgereift, lange bevor man etwas über die Eigenschaften von Metallen wusste. Andererseits hätte technische Handwerkskunst allein nicht zur Erfindung des modernen elektronischen Computers führen können.

Es ist also absolut möglich, dass es intelligente Spezies im Universum gibt, die keine Technologie besitzen. Wir wissen es einfach nicht. Allerdings sind die Kosten für das Auffangen von Radiowellen minimal im Vergleich zu dem möglichen Nutzen. Die Möglichkeiten, die sich durch den Kontakt zu einer anderen Intelligenz ergeben würden, sind unvorstellbar.

Es ist übrigens gar nicht so abwegig, dass ein Kontakt über Radiowellen erfolgen könnte. Höchstwahrscheinlich wird es niemals möglich sein, zu anderen Sternen zu reisen. Die Entfernungen sind einfach zu groß. Das nächste, aus drei Sternen bestehende System, bekannt als Alpha Centauri (dort gibt es vermutlich kein Leben), ist über 40 Billionen Kilometer entfernt. Rein rechnerisch brauchte man, um in absehbarer Zeit zu einem nahe gelegenen Stern zu gelangen, mehr Energie als auf der Erde in 100 Jahren produziert wird. Diese Berechnung braucht nicht auf technische Möglichkeiten Rücksicht zu nehmen, denn selbst neu entwickelte Arten der Fortbewegung ändern nichts am Energiebedarf. Man müsste auf jeden Fall ein Tempo nahe der Lichtgeschwindigkeit erreichen, und das wird niemals billig zu haben sein.

Ich will nicht behaupten, dass die Menschheit nicht in der Lage sein wird, irgendwann unser Sonnensystem zu verlassen, aber es wird sehr umständlich sein. Der Physiker Freeman Dyson hat zum Beispiel gemutmaßt, dass wir früher oder später die Kometen kolonisieren könnten, um von dort aus weiter in den Raum vorzudringen. Die Idee ist nicht von der Hand zu weisen. Aber auch wenn das geschieht, wird die Kommunikation zwischen dem Heimatplaneten und den Außenposten nur über Radiowellen ablaufen.

Die Zukunft des Lebens

Die zukünftige Evolution des Universums wird im nächsten Kapitel besprochen. An dieser Stelle möchte ich dagegen über die Zukunft des Lebens sprechen. Ich denke dabei nicht daran, in welche Richtung sich das Leben entwickeln wird. Die Evolution könnte beim Menschen sogar zum Stillstand kommen. Wir sind so geschickt darin, unsere Umwelt zu kontrollieren, dass wir uns nicht mehr wie andere Lebewesen dem evolutionären Druck aussetzen müssen. Sollten wir uns weiterentwickeln, heißt das allerdings nicht, dass sich dabei größere Intelligenz einstellt. Evolution und Fortschritt sind nicht dasselbe, und sie hat, wie gesagt, kein bestimmtes Ziel. Die Größe des menschlichen Gehirns scheint eine natürliche Grenze erreicht zu haben. Aufgrund der Kopfgröße ist die Geburt von Babys schon sehr schwierig geworden, eine weitere Zunahme des Umfangs würde nur zu erhöhter Sterblichkeit bei Säuglingen und Müttern führen. Das widerspräche dem Wesen der Evolution vollkommen.

Wie sind also die Aussichten für das Leben in unserem Universum? Nun, nichts bleibt ewig, und das Leben wird wohl keine Ausnahme machen. Mit zunehmendem Alter des Universums werden die Energiequellen früher oder später versiegen. Sterne brennen aus und werden zu weißen Zwergen oder kollabieren zu schwarzen Löchern. Radioaktive Elemente werden zu stabilen zerfallen. Die Wärme, die im Moment im Innern der Sterne herrscht, wird sich verflüchtigen, und das Universum wird zu einem kalten, dunklen Ort.

Die existierende Energie wird jedoch nicht verschwinden. Materie und Energie bleiben immer erhalten, es sei denn, das eine wird in das andere umgewandelt. Es kann auch eine Form von Energie in eine andere übersetzt werden, ein Beispiel dafür ist die Entstehung von Wärme durch Reibung. Das Leben hängt jedoch nicht von der faktischen Energiemenge ab, sondern von Energiedifferenzen.

Ein Blick auf die Produktion von hydro-elektrischer Energie soll dies verdeutlichen. Wichtig ist dabei nicht die insgesamt zur Verfügung stehende Energie. Ein Bergsee besitzt zwar eine große Menge Lageenergie, aber solange das Wasser nur still daliegt, kann keine Leistung erzeugt werden. Es ist auch noch niemandem gelungen, ein Schiff zu konstruieren, das von der Wärmeenergie des Meeres angetrieben wird. Zwar ist in den Ozeanen eine gewaltige Energiemenge gespeichert (jede Substanz, deren Temperatur über dem absoluten Nullpunkt liegt, besitzt Energie), doch sie kann nicht ohne weiteres genutzt werden.

Wenn die Sonne einmal zu einem weißen Zwerg wird, kann auf der Erde – falls es sie noch gibt – keine hydro-elektrische Leistung mehr erzeugt werden. Die Ozeane werden wahrscheinlich gefroren sein. Und selbst wenn nicht, würde das Glimmen der Sonne nicht ausreichen, um das Wasser verdunsten und als Regen auf die Erde fallen zu lassen. Der Energiefluss zur Erde wäre auch nicht mehr groß genug, um Leben zu ermöglichen. Im Augenblick leben wir jedoch gerade von dieser Energieübertragung. Pflanzen wandeln die Energie des Sonnenlichts in für uns genießbare Dinge um. Wir entziehen ihnen die Energie und geben einen Teil davon an unsere Umgebung weiter. So gesehen, ähneln wir Wasserkraftwerken.

Das Phänomen, dass die verwendbare Energie im Universum ständig abnimmt, nennt man *Entropie*. Ich haben diesen Begriff bisher vermieden, weil er oft mit wachsender Unordnung assoziiert wird. Dieser Vergleich ist zwar korrekt, aber ich glaube, von abnehmenden Energiedifferenzen zu sprechen, trifft den Kern der Sache besser. Auch damit wird das Gesetz der Entropie richtig interpretiert. Wachsende Unordnung und das Verschwinden von Energiedifferenzen sind mathematisch gesehen dasselbe.

Selbst eine noch so hoch entwickelte Zivilisation kann dem Hitzetod des Universums wie in einem riesigen Atomblitz nicht entkommen. Eines Tages werden Energiequellen so knapp werden, dass auch die beste Technologie keine Energie mehr produzieren kann. Kernfusion wird sicherlich nicht die Antwort sein. Mit der Zeit werden aus den Atomkernen, die Energie produzieren könnten, inerte Elemente wie Eisen geworden sein, oder sie werden von Schwarzen Löchern aufgesaugt. Außerdem müsste man natürlich Energie aufwenden, um schwere Elemente zu leichteren aufzuspalten, die für das Leben essenziell sind.

Ganz sicher wissen wir nicht, ob uns der Hitzetod des Universums wirklich einmal betreffen wird. Vielleicht endet das Universum, bevor das letzte Leben verschwunden ist. Wie wir im nächsten Kapitel sehen werden, gibt es die Theorie, dass das Universum eines Tages sich zusammenzuziehen beginnt und dann in einem Großen Kollaps (Big Crunch) untergeht. Ich glaube jedoch, dass es dann schon seit vielen Milliarden Jahren keine empfindungsfähigen Wesen mehr geben wird, die dies bezeugen könnten.

Viele Menschen finden diese Aussichten eher deprimierend, obwohl die Ereignisse erst Milliarden Jahre nach ihrem Tod eintreten würden. Es muss allerdings nicht sein, dass das Leben für immer verschwindet. Ich werde in Kapitel 5 kurz erläutern, warum Kosmologen oft mit dem Gedanken spielen, dass vielleicht ununterbrochen neue Universen entstehen. Wenn das so ist, werden manche von ihnen mit Sicherheit Leben hervorbringen.

Kapitel 4
Das Schicksal des Universums

Das Universum dehnt sich aus. Die Expansion wird durch die Schwerkraft verlangsamt. Die Anziehungskräfte zwischen Galaxien und anderer Materie überall im Universum wirken wie eine Bremse. Das wirft die Frage auf, ob sich das Universum bis in alle Ewigkeit ausdehnen wird oder aufgrund der Schwerkraft eines Tages sich wieder zusammenzuziehen beginnt.

Wir werden später noch sehen, dass bei dieser Frage auch einige weitere Dinge zu beachten sind. Man hat kürzlich herausgefunden, dass das Universum möglicherweise nicht nur aufgrund der Schwerkraft expandiert. Dennoch spricht nichts dagegen, erst einmal den einfachsten Fall zu betrachten. Im Allgemeinen arbeiten alle Wissenschaftler so. Sie versuchen, zunächst die augenfälligsten Eigenschaften eines Phänomens zu verstehen. Erst im zweiten Schritt beziehen sie die Konsequenzen möglicher Komplikationen mit ein. Wenn Astronomen etwa die Bahn eines Kometen berechnen, konzentrieren sie sich zuerst auf die Auswirkungen der Schwerkraft der Sonne. Erst wenn diese Berechnung steht, wenden sie sich der Frage zu, wie die Planeten den Kometen beeinflussen könnten.

Nach Einsteins Allgemeiner Relativitätstheorie ist das Universum entweder offen oder geschlossen. Ein offenes Universum ist unbegrenzt und dehnt sich ewig aus. Die Gravitation wird die Ausdehnung zwar verlangsamen, aber niemals stoppen können. Ein geschlossenes Universum wird dagegen irgendwann in einem Big Crunch kollabieren. Die Schwerkraft verzögert die Expansion in einem geschlossenen Universum stark genug, um sie schließlich umzukehren.

Ein geschlossenes Universum hat keine Begrenzung und nichts, das es *umgibt*. Der Raum existiert in sich selbst. Seine Geometrie ist dreidimensional in Analogie zur Zweidimensionalität der Erdoberfläche. Man kann den Rand eines geschlossenen Universums ebensowenig erreichen wie den Rand der Erdkugel. Natürlich gibt es einen entscheidenden Unterschied: Die Erdoberfläche ist im dreidimensionalen Raum gekrümmt, aber es gibt keine vierte räumliche Dimension, in der das geschlossene Universum sich „krümmen" kann. Sollten Sie Schwierigkeiten damit haben, sich das vorzustellen, machen Sie sich keine Sorgen. Physikern geht es ganz genauso. Deren Fantasie und Vorstellungskraft sind auch nicht größer als ihre. Aufgrund ihrer Gleichungen und der Allgemeinen Relativität wissen sie jedoch, dass ein so geartetes Universum möglich ist.

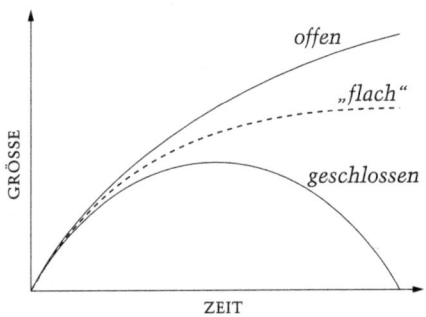

Abb. 7: Offene, geschlossene und „flache" Universen. Das Diagramm veranschaulicht die Ausdehnung (bzw. Kontraktion) verschiedener theoretischer Modelle über viele Milliarden Jahre hinweg. Die Ausdehnung eines geschlossenen Universums kommt eines Tages zum Stehen und kehrt sich in Kontraktion um. Ein offenes Universum dehnt sich bis in alle Ewigkeit aus. In einem „flachen" Universum nähert sich die Ausdehnung dem Wert Null an, erreicht ihn jedoch nie. Unser Universum ist wahrscheinlich ein offenes.

Man kann die Erde umrunden. Wenn man von einem willkürlich gewählten Punkt aus immer geradeaus geht, kommt man früher oder später wieder aus der Gegenrichtung an diesem Punkt an. In einem geschlossenen Universum ist das nicht möglich, nicht einmal theoretisch, denn das Universum würde nicht so lange existieren, wie die Reise dauerte. Ein Lichtstrahl, der im Moment des Urknalls ausgesendet wurde, würde seinen Ausgangspunkt in dem Moment erreichen, in dem das Universum wieder vollständig kollabiert. Alles, was sich langsamer fortbewegt oder später startet, könnte diesen Punkt nie mehr erreichen.

Tatsächlich ist noch eine dritte Form des Universums denkbar, in der die Geometrie „flach" ist. Ein „flaches" Universum liegt genau an der Grenze zwischen offen und geschlossen. In einem „flachen" Universum nähert sich die Ausdehnungsrate dem Wert Null an, erreicht ihn aber nie. Wie ein offenes Universum ist es nicht begrenzt. Für unsere Zwecke können wir aber diese Möglichkeit ausschließen. Sie ist nur eine von zahllosen Varianten, und die Wahrscheinlichkeit ihrer Korrektheit tendiert gegen null.

Ist unser Universum offen oder geschlossen? Genau weiß das niemand. Entscheidend ist die Dichte der Materie im Universum, und die kann nicht mit der nötigen Genauigkeit gemessen werden. Die kritische Dichte liegt etwa bei drei Wasserstoffatomen pro Kubikmeter. Ist die Dichte höher, ist das Universum geschlossen und wird irgendwann kollabieren. Ist sie niedriger, ist das Universum offen und dehnt sich endlos aus. Das liegt daran, dass eine hohe Dichte größere Schwerkräfte erzeugt und dadurch stärker abbremst. Materie muss nicht zu Sternen und Galaxien komprimiert werden, um Gravitation auszuüben. Jeder Wasserstoff- oder Heliumkern trägt seinen Teil bei. Naturgemäß ist die Gravitation eines Atomkerns so klein, dass man sie niemals messen können wird. Wenn jedoch genügend Atomkerne existieren, werden sie die Gesamtschwerkraft durchaus beeinflussen. Sogar sehr dünne, intergalaktische Gase spielen für die Verzögerung der Ausdehnung des Universums eine Rolle. Auch subatomare Teilchen, die sich willkürlich durch das Universum bewegen, hätten einen Effekt, wenn es genügend von ihnen gäbe.

Dunkle Materie

Die Menge der hellen, beleuchteten Materie im Universum zu bestimmen ist einfach. Da die Entstehung von Sternen gut bekannt ist, muss man nur die Strahlungsdichte einer Galaxie messen, um auf die Materiequantität der Sterne und Gaswolken schließen zu können. Leider kann man aber die Gesamtmenge der Materie im Universum nicht hochrechnen. Seit 1932 weiß man, dass es im Universum auch Materie gibt, die wir nicht sehen können. Der niederländische Astronom Jan Oort beobachtete Anfang der 30er Jahre die Bahnen einiger Sterne unserer Galaxie. Er kam zu dem Schluss, dass ihre Bewegungen nicht allein durch die sichtbare Materie erklärt werden konnten. 1933, ein Jahr, nachdem Oort seine Ergebnisse veröffentlicht hatte, studierte Fritz Zwicky vom California Institute of Technology einen Teil des Coma-Galaxienhaufens. Er fand heraus, dass die Galaxien durch gravitative Kräfte aneinander gebunden scheinen, obwohl sie nur einen Bruchteil der dafür nötigen Masse besitzen.

Heute weiß man, dass mindestens 90 Prozent – manche sprechen von bis zu 99 Prozent – der Masse im Universum aus dunkler Materie besteht (*unsichtbare* Materie trifft den Kern der Sache vielleicht noch besser, denn dunkle Materie kann man nicht sehen; sie ist keine dunkel gefärbte Materie). Da man nicht weiß, wie viel dunkle Materie es gibt, kann man auch nicht ausrechnen, ob das Universum offen oder geschlossen ist oder im kritischen Bereich liegt. Die Mehrheit der Wissenschaftler geht von einem offenen Universum aus, denn die messbare Materie der Sterne macht nur ein Prozent der Masse aus, die für ein geschlossenes Universum erforderlich wäre. Es ist jedoch unmöglich, die Gesamtdichte der Materie im All zu berechnen.*

---

* Wenn die Theorie des inflationären Universums stimmt, befindet sich das Universum so nah an der kritischen Grenze, dass wir nie in der Lage

Ein Teil der dunklen Materie existiert als Schwarze Löcher sowie weiße und braune Zwerge. Weiße Zwerge sind zwar nicht dunkel, glühen aber so schwach, dass man sie nur bis zu einer bestimmten Entfernung sehen kann. Dunkle Materie besteht zumindest teilweise aus subatomaren Teilchen. Wenn es von diesen ausreichend viele gibt, übertrifft ihre Gravitation die der Sterne und Galaxien bei weitem.

Man glaubt, dass ein Teil der dunklen Materie aus Neutrinos besteht. Die Existenz von Neutrinos wurde erstmals 1931 von dem österreichischen Physiker Wolfgang Pauli angeregt und 1956 experimentell bewiesen. Ursprünglich hielt man sie für Teilchen mit der Masse Null, die sich mit Lichtgeschwindigkeit fortbewegen. Anfang der 80er Jahre begann man dann darüber zu spekulieren, ob Neutrinos nicht vielleicht doch eine geringe, aber messbare Masse besitzen könnten. Diese Vermutung wurde schließlich 1998 durch in Japan vorgenommene Experimente bestätigt. Bei diesen Versuchen maß man nicht direkt die Masse eines Neutrinos, sondern die Differenz zwischen zwei verschiedenen Arten (es gibt insgesamt drei). Allerdings ist die Masse eines Neutrinos nur ungefähr der 100 000ste Teil von der eines Elektrons. Dabei ist auch das Elektron sehr leicht, ein Proton oder Neutron wiegt etwa 2000mal so viel. Da es aber ungefähr 100 Millionen Neutrinos pro Proton bzw. Elektron gibt, kann ihr Beitrag zur Gesamtmasse des Universums durchaus von Bedeutung sein.

Neutrinos sind nicht der einzige Bestandteil der dunklen Materie. Jede Form dunkler Materie hätte im jungen Univer-

---

sein werden, zu berechnen, ob die Massendichte etwas darüber oder darunter liegt. Die Idee, es hätte im ganz jungen Universum eine Phase inflationärer Ausdehnung gegeben, ist zwar interessant, plausibel und weitgehend anerkannt, aber keineswegs nachweisbar. Wie der britische Biologe T. H. Huxley, ein früher Anhänger Darwins, einmal gesagt hat, gab es schon viele wunderbare Theorien, die irgendwann von *hässlichen Fakten* widerlegt wurden. Dem inflationären Universum könnte es eines Tages genauso gehen.

sum die Bildung der Galaxien beeinflusst – es gibt Berechnungen, nach denen Galaxien und Galaxienhaufen andere Formen angenommen oder sich gar nicht gebildet hätten –, wenn es damals nur primordialen Wasserstoff, Helium und Neutrinos gegeben hätte. Daraus schließen die Kosmologen, dass die dunkle Materie auch aus anderen Arten von Teilchen bestehen muss, die vielleicht noch gar nicht entdeckt sind.

Fazit: Wir wissen nicht, ob die Dichte des Universums über oder unter dem kritischen Wert liegt, weil wir nicht wissen, woraus es wirklich besteht. Sterne, Galaxien, interstellares und intergalaktisches Gas machen nur einen kleinen Teil des Ganzen aus. Nach unseren Beobachtungen kann man die Masse nur auf ein Zehntel bis das Zehnfache des kritischen Werts eingrenzen. Wie gesagt, der niedrigere Wert ist etwas wahrscheinlicher.

Wenn die Theorie über das inflationäre Universum korrekt ist, dann liegt der Wert wahrscheinlich so nah an der kritischen Grenze, dass wir die Differenz nie werden berechnen können. Wenn es eine sehr schnelle, inflationäre Ausdehnung gegeben hat, bevor das Universum eine Sekunde alt war, hätte dies ein „Abflachen" des Raums zur Folge gehabt. Dieses Phänomen lässt sich anhand eines Luftballons veranschaulichen. Je stärker er aufgeblasen wird, desto flacher wird seine Oberfläche. Auch die Oberfläche der Erde erscheint dem bloßen Auge flach, normalerweise kann man ihre Krümmung nicht sehen. Würde man aber von einem kleinen Asteroiden aus die Erde betrachten, wäre die Krümmung sehr offensichtlich.

Man kann allerdings nicht wirklich behaupten, das Universum sei flach. Schließlich handelt es sich um eine Theorie, und Theorien werden oft modifiziert. Ich persönlich wäre zwar sehr erstaunt, wenn sich herausstellen sollte, dass die inflationäre Expansion nicht stattgefunden hat, doch es würde mich überhaupt nicht überraschen, wenn sie sich nicht so zugetragen hätte, wie die Forscher heute glauben.

Abb. 8: Die Ausdehnung des Universums. Während das Universum expandiert, wird der Raum zunehmend „flacher", ähnlich wie bei einem aufgeblasenen Ballon. Während er sich aufbläht, nimmt die Krümmung der Oberfläche ab. Wenn die Theorie des inflationären Universums stimmt, hat eine frühe, extreme Ausdehnung das Universum in einen Zustand gerückt, der der Grenze zwischen offen und geschlossen sehr nahe ist.

Die ferne Zukunft des Universums

Sollten wir in einem geschlossenen Universum leben, wird sich dieses eines Tages zusammenziehen. Es ist sehr unwahrscheinlich, dass es dann noch empfindungsfähige Wesen geben wird, denn bis dahin werden noch über 50 Milliarden Jahre vergehen. Die meisten Sterne werden erloschen sein, das Universum wird nur noch kleine, schwach strahlende Sterne, Schwarze Löcher, weiße und schwarze Zwerge enthalten. Auch heute werden zwar noch Sterne „geboren", aber das interstellare Gas, aus dem sie gebildet werden, geht zur Neige.

Die „Geburtsrate" von Sternen liegt heute nur noch bei einem Hundertstel der Rate im jungen Universum. Eine technisch fortgeschrittene Zivilisation findet zwar vielleicht Wege, sich sehr lange zu erhalten. 50 Milliarden Jahre (die tatsächliche Zeitspanne könnte auch weitaus größer sein) dürften jedoch zu lange für sie sein.

Sollte es zum Großen Kollaps kommen, wird das Universum auf ein fast unendlich kleines Volumen zusammenschrumpfen und schließlich verschwinden. Eine Zeit lang kursierten unter den Fachleuten allerlei Spekulationen darüber, ob das Universum nicht vielleicht „abfedern" könnte und nach einem weiteren Urknall neu entstünde. Je genauer diese

Theorie aber unter die Lupe genommen wurde, als desto unwahrscheinlicher stellte sie sich heraus. Ein wichtiges Gegenargument war die Überlegung, dass die Entropie (oder Unordnung) in einem Universum, das sich ständig erneuert, ununterbrochen zunehmen müsste. Nach zwei oder drei Big Bangs könnte das Universum auf keinen Fall mehr Leben hervorbringen. Ein weiteres Problem liegt in der Tatsache, dass das Licht der Sterne von Kreislauf zu Kreislauf zunähme. Wenn das Universum schon einmal kollabiert ist, heißt das, dass wir jetzt von Licht dieses früheren Kreislaufs umgeben sind. Natürlich kann niemand mit Genauigkeit sagen, welchem Schicksal ein geschlossenes Universum entgegengeht. Falls es aber zum Großen Kollaps kommt, kann man mit ziemlicher Sicherheit annehmen, dass er das Ende bedeuten wird.

Wenn das Universum offen ist, wird es sich bis in alle Ewigkeit ausdehnen. Die Sterne werden eines Tages verglühen und dann zu schwarzen Zwergen oder Schwarzen Löchern werden. Materie wird es noch über einen sehr langen Zeitraum hinweg geben. Elektron und Proton sind die stabilsten Teilchen, die wir kennen. Bisher ist kein Fall eines zerfallenden Protons bekannt. Es gibt jedoch Theorien, die davon ausgehen, dass ein solcher Zerfall früher oder später eintritt. Ein Proton könnte sich in leichtere Teilchen, darunter Positronen (positiv geladene Elektronen) aufspalten, dazu wäre aber viel mehr Zeit nötig, als bisher vergangen ist. Wenn ein Elektron und ein Positron aufeinandertreffen, neutralisieren sie sich gegenseitig und verschwinden in einer Entladung von Gammastrahlung. Die Energie dieser Gammastrahlung wird nach und nach abnehmen, wie sich die beim Urknall frei gewordene Strahlung in Mikrowellen umgewandelt hat. Also wird aus einem offenen Universum schließlich ein kalter, dunkler Ort, an dem es nichts gibt außer einigen leichten Teilchen und etwas diffuse Strahlung. Selbst die Schwarzen Löcher wird es nicht ewig geben. Nach einer Theorie des britischen Physikers Stephen Hawking lösen sich Schwarze Löcher schließlich in Partikelströme auf. In diesem Fall würde sie dasselbe Schicksal ereilen wie normale Materie.

Sterne leben nicht ewig, genauso wenig wie Galaxien. Man hat zwar noch nie eine auseinanderbrechende Galaxie gesehen, aber im Lauf von Milliarden von Jahren werden Zufallsbewegungen dazu führen, dass manche Sterne in den Weltraum geschleudert werden, während andere in den großen Schwarzen Löchern verschwinden, die sich oft im Zentrum von Galaxien befinden. Es gibt viele ernst zu nehmende Hinweise darauf, dass Galaxien, auch unsere, Schwarze Löcher im Zentrum haben. Diese supermassiven Schwarzen Löcher übertreffen unsere Sonne an Masse um ein Millionenfaches.

Wir wissen, dass das Leben irgendwann enden wird, das betrifft auch die Sterne und Galaxien. Es gibt im Grunde keinen Zweifel, dass auch das Universum eines Tages sterben wird. Aber vielleicht ist dieses Ende der Anfang von etwas Neuem. Wir werden im letzten Kapitel noch die gängigen Theorien darüber behandeln, dass möglicherweise ununterbrochen neue Universen entstehen (wofür es allerdings keinen empirischen Nachweis gibt). Wenn dem so ist, müsste es auch andere Universen wie unseres geben, die ebenso intelligentes Leben beherbergen. Wer weiß, ob die in mehreren Mythologien auftauchenden kosmischen Zyklen nicht auch ein Körnchen Wahrheit enthalten.

Einsteins „Fehler"

Kurz nachdem er 1915 seine Allgemeine Relativitätstheorie veröffentlicht hatte, begann Einstein mit der Suche nach Lösungen seiner Gleichung, mit denen er den Zustand unseres Universums beschreiben konnte. Zu seiner eigenen Überraschung fand er heraus, dass sich nach den einfachsten Lösungen das Universum entweder ausdehnte oder zusammenzog. Nun hatte bis dahin noch nie jemand die Theorie entwickelt, dass das Universum nicht stabil sein könnte. Seit Aristoteles' Zeiten hatte man das Universum für statisch gehalten. Tatsächlich glaubten 1915 noch viele Astronomen, die Milchstraße *sei* das Universum. Es war noch nicht erwiesen, dass es auch *nebula* (wie man sie damals nannte) außerhalb gab. Deshalb fügte Einstein seinen Gleichungen eine Variable mit dem Namen *kosmologische Konstante* hinzu. Diese Konstante stand für eine gegenläufige Kraft, die die Effekte der Gravitation über große Entfernungen ausglich. Wie sich bald zeigen sollte, war dies ein Fehler. Andere Wissenschaftler wiesen nach, dass Einsteins Universum unter keinen Umständen stabil sein konnte. Selbst, wenn man die kosmologische Konstante integrierte, würde die kleinste Unregelmäßigkeit das Universum in Expansion oder Kontraktion versetzen. Einsteins Universum glich einem auf der Spitze stehenden Stift, der jederzeit in jede Richtung umfallen konnte. Einstein wollte dies zunächst nicht akzeptieren und vermutete, dass die angewandte Mathematik einen grundsätzlichen Fehler beinhalte. Schließlich musste er jedoch zugeben, dass er derjenige war, der sich getäuscht hatte. Wenn er die kosmologische Konstante nicht eingeführt hätte, wäre es ihm vielleicht gelungen, den Nachweis zu erbringen, dass sich das Universum ausdehnt. So aber musste die Welt bis 1929 warten, als der amerikanische Astronom Edwin Hubble die Expansion des Universums anhand von Himmelsbeobachtungen bewies.

Einstein nannte die Einführung seiner kosmologischen Konstante im Rückblick einen schweren Fehler, und viele Autoren, darunter auch ich (vielleicht war ich sogar der erste), sprachen später von „frisierten Gleichungen". Eigentlich ist das aber ein bisschen unfair. Die allgemeinsten Lösungen der Allgemeinen Relativitätstheorie beinhalten tatsächlich eine kosmologische Konstante, und es gibt a priori keinen Grund zu glauben, sie hätte den Wert Null. Außerdem, warum sollte Einstein von einem expandierenden Universum ausgehen? Schließlich wusste man damals noch nichts davon.

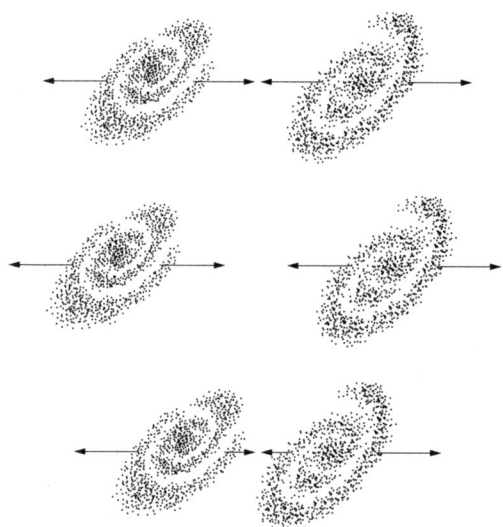

Abb. 9: Einsteins ausbalanciertes Universum. Ursprünglich hielt Einstein das Universum für ein statisches Gebilde. Seiner Meinung nach musste die Anziehungskraft zwischen einzelnen Galaxien durch eine externe Kraft neutralisiert werden. In Abb. 9a werden diese beiden Kräfte durch Pfeile von gleicher Länge veranschaulicht. Es zeigte sich jedoch bald, dass ein solches Universum keineswegs statisch sein konnte. Wenn zwei Galaxien sich nur ein wenig voneinander entfernten (Abb. 9b), nähme die Anziehungskraft ab, während die Abstoßung konstant bliebe. Dies würde sofort zu ständiger Ausdehnung führen. Wenn zwei Galaxien sich dagegen zufällig etwas annäherten (Abb. 9c), würde die Anziehungskraft größer und das Universum zöge sich zusammen. Mit anderen Worten, Einsteins Universum war nicht stabil.

In den folgenden Jahrzehnten konnten Astronomen nachweisen, dass eine kosmologische Konstante, wenn sie denn existierte, zu klein war, um gemessen zu werden. Abstoßungskräfte wurden nicht entdeckt, auch keine anders gearteten Anziehungskräfte als die Schwerkraft (eine kosmologische Konstante, die kleiner als null wäre, würde eine solche Anziehungskraft implizieren).

Dann aber, im Jahr 1998, änderte sich plötzlich alles. Im Januar jenes Jahres gab Saul Perlmutter vom Lawrence Berkeley

National Laboratory bekannt, dass er mit seinem Team insgesamt 40 Supernovae studiert hatte. Sie hatten nicht nur herausgefunden, dass die Expansionsrate des Universums sich zu wenig verringert hat, um von der Schwerkraft je zum Halten gebracht werden zu können, sondern lieferten auch Hinweise auf eine Abstoßungskraft. Der Mitarbeiter Alexei Filipenko gab an, dass es Indizien dafür gebe, dass sich die Ausdehnungsgeschwindigkeit sogar erhöht hat. Möglicherweise, so ihre einhellige Meinung, existierte so etwas wie Einsteins Konstante tatsächlich.

Um dieses Ergebnis nachvollziehen zu können, muss man sich zwei Dinge vor Augen halten: erstens, dass ein Astronom, der in den Weltraum blickt, gleichzeitig in die Vergangenheit sieht. Eine Galaxie oder Supernova, die zehn Milliarden Lichtjahre weit entfernt ist, stellt sich heute so dar, wie sie vor zehn Milliarden Jahren ausgesehen hat. Zweitens, dass alle Supernovae vom Typ I gleich hell sind. Wie gesagt, es kommt zu einer solchen Supernova, wenn ein weißer Zwerg Materie von einem nahen Begleiter absaugt. Wenn die Masse des Zwergs eine bestimmte Grenze überschreitet, explodiert er wie eine Bombe. Übrigens, sind genau genommen nicht wirklich alle Typ-I-Supernovae gleich hell. Die schneller verglühenden sind weniger hell. Die Unterschiede sind jedoch so klein, dass sie getrost vernachlässigt werden können. Also lässt sich bestimmen, wie weit eine Supernova vom Typ I entfernt ist.

Man könnte mit derselben Methode auch feststellen, wie weit zum Beispiel eine glühende 100-Watt-Birne entfernt ist. Eine nahe Glühbirne wirkt viel heller als eine weiter entfernte. Man muss nur die Lichtmenge messen, die von ihr ausgeht, um zu bestimmen, wie groß die Entfernung ist. In Wirklichkeit würde man natürlich einfach ein Maßband zu Hilfe nehmen. Da dies im Weltraum nicht möglich ist, verwendet man häufig die Lichtmessmethode, um Entfernungen zu berechnen.

Als man das Licht von den Typ-I-Supernovae maß, stellte sich heraus, dass die am weitesten entfernten zehn bis fünfzehn Prozent weiter weg waren, als dies in einem Universum der Fall wäre, das sich immer langsamer oder mit konstanter Geschwindigkeit ausdehnt. Die Ausdehnung des Universums hatte sie weiter fortbewegt, als die Astronomen erwartet hatten.

Diese Ergebnisse waren natürlich noch kein hinreichender Beweis. Es könnte sein, dass sich sehr alte Sterne auf eine uns unbekannte Weise von den jüngeren unterscheiden und deshalb andersartige Supernovae erzeugen. Dies ist allerdings nicht sehr wahrscheinlich, und es hat bisher auch niemand eine plausible Erklärung dafür. Robert Kirshner von Harvard-Smithsonian Center for Astrophysics hat von einem „kleinen heimtückischen Effekt" gesprochen, der die Ergebnisse verfälsche. Was denn dieser kleine Effekt sein könnte, ist bis dato ein Geheimnis geblieben.

Bemerkungen wie die von Kirshner sind trotzdem nicht völlig unsinnig. Solche Kommentare gibt es eigentlich im Zuge jeder wissenschaftlichen Entdeckung. Wissenschaftler versuchen immer, unterschiedliche Erklärungen für neu entdeckte Phänomene zu finden, und nur wenn sich keine These als haltbar erweist, wird die Neuentdeckung anerkannt. Bis zu diesem Moment hat aber noch niemand eine besonders gute Idee gehabt. Wenn Fachleute wie Kirshner von „kleinen heimtückischen Effekten" reden, spricht das für sich. Man muss sich also mit dem Ergebnis zumindest anfreunden, dass irgendetwas die Ausdehnungsgeschwindigkeit des Universums vergrößert. Dies ist gleichbedeutend mit der Aussage, dass eine kosmologische Konstante existiert, denn eine solche Konstante ist nichts anderes als der mathematische Ausdruck dafür, dass die Ausdehnung des Universums noch von etwas anderem als der Schwerkraft abhängt.

Manche Wissenschaftler, wie der Kosmologe Michael Turner von der Universität von Chicago, vermuten, dass diese Entdeckung darauf schließen lässt, dass das Universum eine bestimmte Form von Energie enthält, die wir nicht kennen. Es hat jedoch bisher keine brauchbaren Vorschläge dahingehend gegeben, wie diese Energie beschaffen sein könnte. Alle Versuche, die Beschleunigung zu erklären, haben bis dato nur zu verstärkten Kontroversen geführt. So haben beispielsweise Stephen Hawking und sein Kollege Neil Turok von der Cambridge University eine mathematische Erklärung angeboten, die belegt, wie sich das Universum in ein ewig expandierendes umwandeln könnte. Andere Kosmologen wie Andrei Linde von der Stanford University sind jedoch skeptisch. Linde merkt an, dass die Rechnung von Hawking und Turok zwar auf viele mögliche Universen anwendbar sei, von denen allerdings die meisten keine Materie enthielten: „Diese Überlegung, dass wir in einem praktisch leeren Universum leben, widerspricht jedoch all unseren Beobachtungen."

Das Problem kann wohl kaum gelöst werden, bevor nicht noch einige weitere Beobachtungen durchgeführt werden. Vielleicht hilft es weiter, das Muster der Fluktuationen der kosmischen Hintergrundstrahlung zu studieren. Während ich dies niederschreibe, sind zwei entsprechende Experimente in der Planung, die den Hintergrund von Satelliten aus messen sollen. Der zweite wird jedoch nicht vor 2006 starten. Es dürfte in den nächsten Jahren wohl einige faszinierende Entdeckungen auf dem Gebiet der Kosmologie geben. Unser Verständnis des Universums könnte sich grundlegend wandeln.

Momentan bleibt uns nur ein Fazit: Was auch immer der Grund für die beschleunigte Expansion sein mag (sofern es sie wirklich gibt), er bestärkt uns in der Vermutung, in einem offenen Universum zu leben, das sich ewiglich ausdehnt.

Kapitel 5
Endlose Universen oder
Der Kosmos ist ein großes Nichts

Die Urknalltheorie wurde erstmals 1927 von dem belgischen Astronom und römisch-katholischen Priester Georges Lemaître aufgestellt. Lemaître erklärte, wenn man sich die Zeit rückwärts laufend vorstellte, entstünde ein Bild von sich immer weiter annähernden Galaxien. Danach müsste die gesamte Materie des Universums einmal in einer Art „kosmischem Ei" oder „Uratom" zusammengefasst gewesen sein. Der Urknall wäre also die Explosion dieses Eis gewesen. Als George Gamow Lemaîtres Theorie in den 40er Jahren wieder aufgriff, behielt er dieses Konzept bei, nannte das Urmaterial aber *Ylem*.

Es ist schwer, sich vorzustellen, dass die gesamte Materie des Universums auf kleinstem Raum komprimiert gewesen sein soll, obwohl wir wissen, dass im Zentrum eines Schwarzen Lochs etwas Ähnliches passiert, wo nämlich die Restmaterie eines toten Sterns auf eine Singularität zusammengepresst wird. Ein kosmisches Ei oder Ylem (gesprochen Ailemm) könnte tatsächlich existiert haben. Die meisten Kosmologen halten dies heute aber für unwahrscheinlich. Ihrer Meinung nach hat das Universum anfangs nur wenige Gramm Materie enthalten, womöglich gar keine.

Nach Einsteins berühmter Gleichung $E = mc^2$ sind Materie und Energie äquivalent. Wir können demzufolge Materie und Energie addieren und dann von einem Materie-Energie-Gesamtgehalt des Universums sprechen. Dabei erhalten wir eine relativ kleine Ziffer, vielleicht sogar null. Es gibt eine riesige Menge Materie im Universum. Dasselbe gilt für Energie. Der Großteil der Energie ist jedoch negativ. Soweit wir wissen, sind die Mengen ungefähr gleich groß. Sie zu addieren entspricht der Addition von +1 und –1, das Ergebnis ist 0.

Der größte Teil der Energie im Universum ist Schwerkraft. Die Schwerkraft ist zwar viel schwächer als die anderen bekannten Kräfte, wirkt aber als einzige auch über lange Distanzen. Wärmeenergie, elektromagnetische Energie und die Energie radioaktiver Teilchen kann man getrost vernachlässigen, denn sie machen nur einen Bruchteil der Gesamtmenge aus.

Um zu verstehen, warum Schwerkraft eine negative Energie ist, stellen wir uns vor, wir wollten ein großes Objekt, etwa einen Asteroiden, aus dem Sonnensystem bewegen. Dafür muss man natürlich eine große Menge Energie aufbringen. Also können wir schließen, dass ein Objekt in der Nähe der Sonne weniger Energie besitzt als in großer Entfernung von ihr. Wenn es jedoch so weit von der Sonne entfernt ist, dass sich die Schwerkraft nicht mehr auswirkt, muss seine Energie gleich null sein. Daraus folgt, dass seine Anfangsenergie negativ, also kleiner als null, gewesen sein muss.

Jeder Körper im Universum, der Schwerkraft besitzt, zieht jeden anderen Körper an. Schwerkraft wirkt auf unterschiedlichste Weise. Um nur ein Beispiel zu nennen: Unsere Galaxie und die in ihrer Nähe werden im Moment mit mehreren hundert Kilometern pro Stunde von einem riesigen Galaxienhaufen angezogen, der Great Attractor genannt wird. Die Schwerkraft bindet nicht nur Planeten an Sterne und führt zur Bildung ganzer Gruppen von Galaxien, sie beeinflusst auch die Ausdehnung des gesamten Universums. Wenn man die daran beteiligten Energien addiert, ergibt sich eine riesige negative Zahl. Die Menge Materie entspricht ebenfalls einer großen – positiven – Zahl. Soweit wir wissen, heben sie sich gegeneinander auf.

Natürlich kann man nicht behaupten, dass sie exakt gleich groß sind. Wenn man eine große Zahl von einer anderen abzieht, kann auch ein anderes Ergebnis als null herauskommen. Besäße ich etwa eine Milliarde Euro und würde so ziemlich alles an der Börse verlieren, hätte ich vielleicht immer noch ein paar Euro übrig. Ich weiß aber nicht sofort, ob mein Kontostand sich jetzt schon im Minus bewegt oder nicht. Bevor es den Computer gab, war es besonders ermüdend, in der Buchhaltung ständig jedem Pfennig hinterher zu spüren.

Das alles bedeutet, dass niemand beweisen kann, ob das Universum ein großes Nichts ist, in dem sich positive Materie und negative Energie gegenseitig aufheben. Es ist allerdings durchaus möglich. Und eben diese Möglichkeit hat in letzter Zeit zu einer Reihe von Spekulationen über das Universum geführt.

Ich habe hier bisher mehr Aufmerksamkeit auf die Dinge gelenkt, die man tatsächlich beobachten kann. Ausnahmen stellten meine kurze Beschreibung des inflationären Universums und die Ausführungen zu den Implikationen einer messbaren kosmologischen Konstante dar. Man hört heute so viel über die inflationäre Theorie, dass man sie nicht auslassen kann, ohne ein verfälschtes Bild der momentan betriebenen Kosmologie zu geben. Ferner kann man den derzeitigen Wissensstand der Forschung nicht korrekt wiedergeben, wenn man dabei etwas vernachlässigt, was sich als wichtige Entdeckung erweisen könnte.

Immerhin beruhen die Theorie des inflationären Universums und die beschleunigte Ausdehnung zum Teil auf Beobachtungen. In diesem Kapitel möchte ich nun etwas weiter gehen und kurz einige Punkte ansprechen, die in den Bereich der Spekulation gehören. Ich halte das deshalb für notwendig, weil man kaum etwas über den Ursprung des Universums aussagen kann, wenn man diese ignoriert. Beim Lesen der Erläuterungen muss man sich natürlich vor Augen halten, dass Wissenschaftler häufig über Sachlagen diskutieren, die wahr sein *könnten*. In keinem Fall gibt es empirische Beweise für die Theorien.

Die am besten bekannte Theorie über den Ursprung des Universums stammt von Stephen Hawking und dem Physiker James

Hartle von der Universität von Kalifornien in Santa Barbara. Nach ihrem in Hawkings *Eine kurze Geschichte der Zeit* dargelegten Vorschlag (Hawking achtet sehr genau darauf, ihn nicht „Theorie" zu nennen) hat das Universum keinen Anfang, sein Ursprung liegt vielmehr in einer *imaginären* Zeit.

Ich vermute, dass vielen Lesern von Hawkings Buch ein falsches Bild vermittelt wurde. Er verwendete den Begriff *imaginär* in einem mathematischen Sinn, der mit der Alltagssprache wenig zu tun hat. Was Hawking gemeint hat war, dass die Dimension Zeit im jungen Universum den Charakter einer räumlichen Dimension besaß. Das Universum hatte deshalb keinen Anfang, weil die Zeit zu existieren aufhört, wenn man nur weit genug zurückgeht. Stattdessen gab es drei räumliche Dimensionen und eine raumähnliche.

Hartle hat ausgeführt, dass ein unter diesen Voraussetzungen erdachtes, theoretisches Universum dem unseren sehr ähneln würde. Aber das beweist natürlich nicht, dass es die imaginäre Zeit wirklich gegeben hat. Wahrscheinlich wird diese Theorie für immer eine interessante Idee bleiben. Das aber hat Hawking selbstverständlich nicht davon abgehalten, den Gedanken fortzuführen. Er hat zum Beispiel nahe gelegt, dass Materie, die die Singularität im Zentrum eines Schwarzen Lochs erreicht, durch die imaginäre Zeit wandern, einen Haken schlagen und ein völlig neues Universum ausbilden könnte. Falls diese Baby-Universen, wie Hawking sie nennt, wirklich existieren, wird man sie aller Wahrscheinlichkeit nach nie nachweisen können. Sie würden nicht in unserem Raum existieren, sondern in ihrem eigenen Set von Dimensionen. Manchmal scheint mir, dass außer Hawking niemand an diese Theorie glaubt (ich bin nicht einmal sicher, ob er es selbst tut). Andererseits kann man nicht beweisen, dass er Unrecht hat.

Die meisten Theorien über den Ursprung des Universums sind etwas konventionellerer Art. Man hört oft, dass vor dem Urknall nichts existiert habe, weil dabei Zeit und Raum erst entstanden seien. Alles, was für den Urknall nötig war, ist eine winzige Raumzeitblase.* Diese Blase konnte wenig oder gar keine Materie beinhalten. Mit zunehmender Ausdehnung würden dann positive Materie und negative Energie den expandierenden Raum zügig ausfüllen.

In der Forschung kennt man keinen Grund, weshalb solche Raumzeitblasen nicht einfach spontan entstehen sollten. Es ist denkbar, dass ununterbrochen neue Universen entstehen, ähnlich wie Gasbläschen in einem Glas Mineralwasser. Solange allerdings keine Theorie der Quantengravitation – die die Allgemeine Relativitätstheorie mit der Quantenmechanik vereinigt – gefunden wird, weiß man nicht, ob dies möglich ist oder nicht. In diesem Moment gibt es zumindest noch keine Theorie, mit der man die Vorgänge zu Anbeginn des Universums beschreiben kann.

Immerhin gibt es Theorien, die sich mit der Entstehung solcher Blasen näher befassen. Nach Andrei Lindes Theorie der chaotischen Inflation, die auf dem inflationären Universum beruht, könnten winzige Teile unseres Universums plötzlich inflationär expandieren. Dabei entstünden eigene, neue Universen. Auch dieses Phänomen werden wir leider nie beobachten können, selbst wenn es existierte. Diese neuen Universen würden sich von unserem im Bruchteil einer Sekunde abspalten. Nach Linde könnte das die ganze Zeit passieren. Natürlich könnte auch unser Universum das Ergebnis einer solchen Abspaltung sein, es wäre dann praktisch der Nachwuchs eines anderen Universums.

---

* Raumzeit ist auch so ein Wort, das zu unnötiger Verwirrung führt. In der Allgemeinen Relativität besitzt das Universum drei räumliche Dimensionen und eine zeitliche, genau wie schon in der Physik Isaac Newtons. Der einzige Unterschied besteht darin, dass Raum und Zeit in der Relativität miteinander auf komplexe Weise interagieren. Wissenschaftler sprechen nur deshalb von Raumzeit, weil man nicht Raum oder Zeit getrennt betrachten kann, ohne etwas Entscheidendes zu ignorieren. Auch Newtons Gesetze beschreiben das Verhalten von Objekten in Raumzeit. Nur waren gemäß seiner Theorie Raum und Zeit unabhängig.

Wenn diese Theorie zutrifft, müsste es eine sehr große, vielleicht unendliche Zahl von Universen geben. Nicht alle von ihnen würden sehr lange überleben. Manche könnten schon kurz nach ihrer „Geburt" wieder kollabieren. Aber selbst wenn dies bei einigen Universen der Fall wäre, blieben immer noch unendlich viele Universen übrig, die dem unseren ähneln könnten. Dann ließe sich die Vermutung anstellen, dass einige von ihnen auch Leben beherbergen.

Lindes Theorie ist nur eine von vielen, die Multiversen beschreiben. Kosmologen und Physiker haben schon etliche Thesen darüber entworfen, wie unser Universum entstanden sein könnte. Es könnte aus zwei subatomaren Teilchen geboren worden sein. Laut Quantenmechanik können Teilchen aus dem Nichts entstehen. Sie erscheinen in komplementären Paaren wie etwa Elektron und Positron. Normalerweise verschwinden diese Paare auch sofort wieder. Ein Sekundenbruchteil könnte jedoch ausgereicht haben, um ein Universum entstehen zu lassen. Sollte ein Paar nicht sofort wieder verschwunden sein, hätte es eine kurze Spanne Raumzeit durchlaufen müssen und wäre dadurch spontan gewachsen.

Eine weitere Hypothese geht davon aus, dass unser Universum entstand, als sich die uns bekannten vier Dimensionen aus einer multidimensionalen Raumzeit herauskristallisierten. An dieser Theorie ist eigentlich nichts Bizarres. Sie ist auch nicht merkwürdiger als die These von Hawking und Hartle, dass alles begann, als die Zeit sich von den drei räumlichen Dimensionen abspaltete und zu dem wurde, was wir heute kennen.

Es ist sogar vorstellbar, dass eine fortgeschrittene Technologie selbst Universen schaffen könnte. Alles, was man dafür brauchte, wäre die Fertigkeit, kleine Raumzeitblasen herzustellen. Dafür müsste man zwar sehr große Mengen Energie auf ein sehr kleines Volumen konzentrieren, doch dies könnte eines Tages machbar sein. In einem alten Physikerwitz heißt es, unser Universum könnte das schiefgegangene Experiment eines Doktoranden sein.

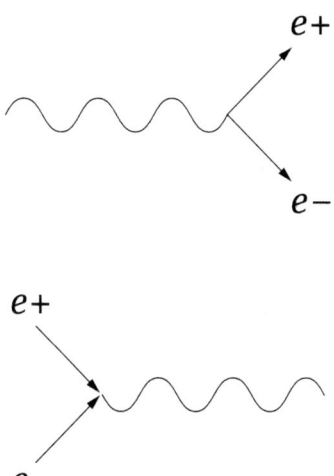

Abb. 10: Entstehung und Destruktion virtueller Teilchen. Aus Einsteins berühmter Gleichung E = mc² wissen wir, dass Materie aus Energie entstehen kann und umgekehrt. In der oberen Abbildung zerfällt ein Gammastrahl in zwei Partikel, ein Elektron und ein Positron. Da eines der Teilchen negativ und das andere positiv geladen ist, liegt die Gesamtspannung weiterhin bei null. In der unteren Abbildung trifft ein Elektron auf ein Positron und bildet einen Gammastrahl. Diese beiden Abbildungen verdeutlichen die Entstehung und Destruktion realer Teilchen. Virtuelle Teilchen (Abb. 9c) können über kurze Zeiträume entstehen, wenn die erforderliche Energie nicht verfügbar ist. In diesem Fall gibt es zwar Elektron-Positron-Paare, aber keine Gammastrahlen. Auf diese Art und Weise können viele verschiedene Teilchen entstehen und verschwinden. Elektronen und Positronen sind nur ein Beispiel.

Was die Multiversum-Hypothesen so attraktiv macht, ist nicht zuletzt, dass damit die Lebensfreundlichkeit unseres Universums erklärt wäre. Wenn es zahllose Universen gibt, müssen die Gesetze der Physik nicht überall gleich sein, und es könnte Universen geben, in denen kein Leben existieren kann.

Andererseits könnte unser Universum auch darauf ausgelegt sein, Leben hervorzubringen. In diesem Fall bleibt nur zu hoffen, dass Gott nicht dieser Doktorand ist.

Teil 2

Auf der Suche nach der Materietheorie

Vorwort

„War es ein Gott,
der diese Zeichen schrieb?"

Zu Beginn des 19. Jahrhunderts hatten Wissenschaftler bereits viele Kräfte und andere Phänomene aus der Natur studiert, darunter Elektrizität, Magnetismus, Schwerkraft, Licht und Wärme. Allerdings hatten sie einiges nur teilweise verstanden. Die Schwerkraft war ergründet. Manche Wissenschaftler hatten noch Schwierigkeiten mit der Vorstellung, wie Körper sich über große Entfernungen hinweg gegenseitig beeinflussen können. Doch auch sie mussten zugeben, dass Isaac Newtons Gesetze sowohl die Bewegungen der Planeten und anderer Himmelskörper als auch das Verhalten von Objekten an der Erdoberfläche genau beschrieben. Benjamin Franklin, der amerikanische Verleger, Staatsmann und Wissenschaftler, hatte nachgewiesen, dass Elektrizität nur aus einer statt aus zwei Komponenten besteht. Positiv bzw. negativ geladene Teilchen besaßen demnach mehr bzw. weniger elektrisches Fluidum.* Zwar wusste niemand, warum Objekte plötzlich magnetisch wurden, doch man konnte die von einem Magneten ausgehenden Kräfte ebenso messen wie die Kräfte, die zwischen elektrisch geladenen Körpern bestehen. Schließlich fand man heraus, dass Licht nicht aus Teilchen bestand, wie Newton angenommen hatte, sondern aus Wellen. Man konnte aber nicht bestimmen, woraus die Wellen bestanden.

---

* Heute weiß man, dass es sowohl positiv als auch negativ geladene Teilchen gibt. Das widerspricht Franklins Ergebnissen aber in keiner Weise. Wenn ein Objekt elektrisch geladen ist, besitzt es entweder einen Überschuss oder ein Defizit an negativ geladenen Teilchen.

Natürlich begann man sich zu fragen, ob diese Phänomene in Beziehung zueinander standen. Schließlich gab es nur eine Kraft – Gravitation –, die auf die Himmelskörper einwirkte. Manche davon gaben Licht ab, wie die Sonne und die Sterne, während andere, wie der Mond, es reflektierten. Aber das Licht wirkte sich nicht auf ihre Bahnen aus. Weshalb also sollten in erdähnlicher Umgebung mehrere Kräfte aufeinandertreffen? Könnten sie nicht irgendwie miteinander verwandt sein?

Der dänische Physiker Hans Christian Oersted leitete den ersten Schritt hin zu einem besseren Verständnis der Kräfte ein. Im Jahr 1820 entdeckte Oersted, dass ein elektrisch geladener Draht eine in der Nähe befindliche Kompassnadel ablenkt. Diese Entdeckung war kein Zufall. Er war davon überzeugt, dass ein Zusammenhang zwischen Elektrizität und Magnetismus bestand, und seine Versuche waren dementsprechend ausgerichtet. Dadurch konnte er nachweisen, dass elektrischer Strom ein Magnetfeld erzeugt.

Den nächsten Schritt machte der britische Physiker Michael Faraday, der als einer der besten Wissenschaftler seiner Zeit anerkannt wird. Das Besondere an Faraday war, dass er nicht sehr viel von Mathematik verstand. 1791 als Sohn eines Schmieds geboren, ging er im Alter von 13 Jahren bei einem Buchbinder in die Lehre. Schon bald begann er, sich für Naturwissenschaft zu interessieren. Als er 21 war, erhielt er einen Posten bei dem damals sehr bekannten Chemiker Sir Humphrey Davy. Also widmete er sich zunächst der Chemie. Als er 40 Jahre alt war, hatte er sich einen internationalen Ruf auf seinem Gebiet verschafft. Ab etwa 1830 galt der Großteil seiner Aufmerksamkeit der Physik. Heute könnte man wohl kaum so von einem Forschungsgebiet zu einem anderen wechseln. Zu Faradays Zeiten galten Physik und Chemie aber noch nicht als unterschiedliche Wissenschaften. Sie galten im Gegenteil als Teile der so genannten Naturphilosphie. Außerdem waren die Probleme natürlich noch längst nicht so komplex wie heute.

Schon in seiner Zeit als Chemiker war Faraday davon überzeugt, wenn elektrischer Strom ein Magnetfeld erzeugen konnte, dass dies auch umgekehrt möglich sein musste. Es musste
gelingen, mittels Magnetfeldern elektrischen Strom zu induzieren. Zehn Jahre lang bemühte er sich, den Beweis zu finden,
zahllose Experimente scheiterten. 1831 kam er schließlich auf
die Idee, den Strom nicht in einem geraden Stück Draht zu
induzieren, sondern in einem zu einer Spirale gewickelten.
Nach ein paar Monaten Arbeit hatte Faraday bis Ende des Jahres
schon große Fortschritte erzielt: Er hatte die ersten Dynamos,
Generatoren und Transformatoren entwickelt. Nach einer alten und wohl etwas zweifelhaften Geschichte wurde Faraday
eines Tages von William Gladstone, dem großen Liberalen, der
später viermal Premierminister von England wurde, gefragt,
wofür man seine Erfindungen verwenden könnte. Faraday soll
geantwortet haben: „Das weiß ich im Moment noch nicht,
aber Sie werden sie eines Tages besteuern können."

Faraday forschte weiter. Da nach seiner Überzeugung die
Kräfte der Natur ein und denselben Ursprung hatten, suchte er
nach einer Beziehung zwischen Elektrizität oder Magnetismus
und Licht. Wieder benötigte er viele erfolglose Versuche, bis er
1845 bewies, dass Magnetfelder Lichtstrahlen ablenken können.

1845 wusste man, dass Lichtstrahlen aus etwas bestehen, was
Physiker als Transversalwellen bezeichnen. Die Schwingungen
der Lichtwellen können verschiedene Ausrichtungen besit-
zen, sie können vertikal, horizontal oder auch in jeder anderen
Richtung schwingen. Daran ist nichts Esoterisches. Man kann
Ähnliches auch bei Wellen auf dem Meer beobachten. Während
eine Welle auf den Strand zurollt, bewegen sich die einzelnen
Wassermoleküle auf und ab. Wäre es anders, gäbe es keine
Wellenberge bzw. -täler. Sobald eine Welle den Strand erreicht,
läuft sie landeinwärts. Auf dem offenen Meer bleibt es jedoch
bei der Auf-und-ab-Bewegung. Wasser ist nur eines von vielen
Beispielen für Wellen in der Natur. Geräusche entstehen zum
Beispiel durch Druckwellen in der Luft. Wenn wir Musik, eine

Unterhaltung oder einen Hund bellen hören, erreichen nicht etwa bestimmte Luftmoleküle unser Ohr, sondern Wellen.

Normales Tageslicht besteht aus Wellen aller Richtungen. Vertikale, horizontale und andere Schwingungen treten in gemischter Form auf. Im Normalfall bleibt die Mischung unverändert. Einige Kristalle sind jedoch in der Lage, den Charakter des sie durchströmenden Lichts zu verändern. Das Licht, das sie wiederum abgeben, schwingt nur noch in bestimmten Richtungen. Solches Licht nennt man polarisiert.

1845 entdeckte Faraday, dass ein Magnetfeld die Ausrichtung polarisierten Lichts verändern kann. Vertikal schwingende Wellen können durch den Einfluss eines Magnetfelds zu schräg schwingenden Wellen werden. Licht und Magnetismus stehen offensichtlich in Beziehung zueinander. Und wenn Licht durch Magnetismus beeinflusst werden kann, muss es auch durch Elektrizität beeinflussbar sein.

Faradays Entdeckungen gehören zu den wichtigsten seiner Zeit. Aufgrund seiner mangelnden Mathematikkenntnisse konnte er jedoch leider nicht noch weiter gehen. Heute kann man nicht Physiker werden, ohne sich in der Mathematik auszukennen. Das war schon zu Faradays Zeiten schwierig. Faraday verdankte seinen Erfolg ausschließlich seiner lebhaften Fantasie, der er solche Eingebungen wie magnetische *Feldlinien* verdankte.* Interessanterweise können diese Feldlinien mathematisch erklärt werden, und wie sich herausstellte, stimmten Faradays Ideen – fast.

Den nächsten Schritt konnte allerdings nur jemand mit ausgezeichneten mathematischen Vorkenntnissen unternehmen. Dieser Jemand war der schottische Physiker James Clerk Maxwell.

---

* Im Schulunterricht wird häufig ein Versuch durchgeführt, bei dem Eisenspäne auf ein Blatt Papier geschüttet werden, unter dem ein Magnet angebracht ist. Wenn man das Papier ein wenig hin und herbewegt, richten sich die Späne entlang der magnetischen Feldlinien aus.

Elektromagnetismus

Maxwell war der größte Theoretiker seiner Zeit, seine Beiträge betreffen fast die gesamte Bandbreite der Physik. Er war zum Beispiel derjenige, der allein durch theoretische Berechnungen beweisen konnte, dass die Ringe des Saturns aus kleinsten Teilchen bestehen müssen. Erst in der heutigen Zeit konnte man die Richtigkeit seiner Analyse bestätigen, nachdem die Sonde Pioneer II die Saturnringe durchquert hatte.

Maxwell veröffentlichte zahlreiche wissenschaftliche Studien. Er war 14 Jahre alt, als sein erster Artikel erschien, seine spätere Arbeit wird als so wichtig angesehen, dass man ihn häufig in einem Atemzug mit Newton und Einstein nennt. Maxwell entwickelte die Ideen anderer Wissenschaftler hinsichtlich des menschlichen Farbsehvermögens weiter und machte 1861 das erste Farbfoto. Er wendete Wahrscheinlichkeitsrechnung und Statistik auf das Verhalten von Molekülgruppen an und leitete daraus Gesetze ab, die die Eigenschaften verschiedener Gase beschrieben. Auch die Thermodynamik – der Teil der Physik, der sich mit dem Verhalten von Wärme und Energie beschäftigt – verdankt ihm große Fortschritte.

Maxwells größte Leistung ist jedoch seine elektromagnetische Theorie, die erstmals 1861 in einer wissenschaftlichen Zeitschrift publiziert wurde und später in seinem *Lehrbuch der Elektrizität und des Magnetismus* (1873) erschien. Maxwell begann damit, Faradays Theorien über Elektrizität und Magnetismus in mathematische Formeln zu fassen. Dabei entwickelte er vier Gleichungen, die beide Bereiche vollständig erklärten. Maxwell fasste jedoch nicht nur bereits bestehendes Wissen zusammen. Durch einen regelrechten Geistesblitz kam ihm die Idee, dass Strom mit wechselnden Ladungen ein Magnetfeld erzeugen könnte, was bis dahin noch nie zuvor nachgewiesen werden konnte. Als Maxwell seine Idee in mathematische Formeln zu bringen versuchte, entdeckte er, dass es eine Strahlung geben müsse, die aus wechselnden elektrischen und magnetischen Feldern besteht. Maxwell berechnete daraufhin die Geschwindigkeit, mit der sich eine solche Strahlung bewegen würde. Das Ergebnis lautete: mit Lichtgeschwindigkeit. Daraus schloss er zu Recht, dass Licht aus oszillierenden elektrischen und magnetischen Feldern besteht, die senkrecht zur Richtung des Lichts schwingen.

Die Beziehung zwischen Licht und Elektromagnetismus ist so eng, dass man die Lichtgeschwindigkeit sogar in Versuchen messen kann, an denen gar kein Licht beteiligt ist. Man muss nur entsprechende elektrische Messungen vornehmen, was übrigens nicht besonders schwierig ist. Solche Experimente werden zu Demonstrationszwecken oft auch in der Universität durchgeführt.

Maxwells Gleichungen sind nicht so bekannt geworden wie Einsteins $E = mc^2$ oder (mit Einschränkungen) Newtons $F = ma$ (Kraft ist gleich Masse mal Beschleunigung). Seine Gleichungen sind zwar relativ simpel, doch es sind Differenzialgleichungen aus dem Reich der Mathematik. Man kann ihre Inhalte aber ohne große Schwierigkeiten auch mit Worten umschreiben:

1. Elektrische Ladungen erzeugen elektrische Kraftfelder.
2. Die beiden Pole eines Magneten üben wechselseitig Kräfte aufeinander aus.
3. Elektrische Kraftfelder werden durch oszillierende Magnetfelder erzeugt.
4. Magnetfelder werden durch elektrischen Strom oder wechselnde elektrische Kraftfelder erzeugt (die zweite Hälfte dieser Gleichung verdanken wir Maxwells Einsicht).

Maxwells Gleichungen können natürlich auch praktisch angewendet werden. Die Gleichung Nr. 1 gibt nicht nur an, dass ein elektrisches Feld entsteht, sie erlaubt auch, die Stärke eines solchen Felds und die Kräfte zwischen zwei Ladungen zu berechnen. Wie bei allen nützlichen Gleichungen der Physik kann man auch hier Zahlen einsetzen und andere Zahlen als Ergebnis erhalten.

Maxwells Gleichungen ermöglichten es Einstein, seine Relativitätstheorie auszuformulieren. Einsteins erster Artikel behandelte nicht zufällig „die Elektrodynamik beweglicher Körper". Einstein fand heraus, das die Anwendung von Maxwells Gleichungen unter Annahme bestimmter Voraussetzungen zu erstaunlichen Ergebnissen führen können. Man kann mit Fug und Recht behaupten, dass Maxwells Gleichungen Teil von Einsteins Relativitätstheorie sind.

Maxwells Leistungen wurden zu seinen Lebzeiten leider nicht angemessen gewürdigt. Als er im Alter von 47 Jahren starb, waren nur wenige Physiker von seinen Theorien überzeugt. Andere verstanden sie einfach nicht. Eine gewisse Anerkennung wurde ihm jedoch durchaus zuteil. Der deutsche Physiker Ludwig Boltzmann, ein Zeitgenosse Maxwells, ehrte ihn mit einem Zitat von Goethe: „War es ein Gott, der diese Zeichen schrieb?"

In jüngerer Zeit geizen Physiker nicht mit Lob für Maxwells Arbeiten über Elektromagnetismus. Einstein fasste es wohl am besten zusammen, als er Maxwells Theorie „das Gründlichste und Ergiebigste, was die Physik seit Newton erfahren durfte", genannt hat. Was er damit meinte, war, dass Maxwell nicht nur das Phänomen Elektromagnetismus erklärt hatte, sondern auch die Physik revolutionierte, indem er die Wichtigkeit der Feldtheorie demonstrierte. Ohne sie würde ein Großteil der heutigen Physik gar nicht existieren. Viele heutige Anschauungen lassen sich auf Maxwells Arbeit zurückführen. Vor seiner Zeit hatten Physiker bloß von Kräften zwischen einzelnen Körpern gesprochen.

Wie man die Welt verändert

Maxwells Leistungen waren nicht nur rein theoretisch, sondern führten auch zu wichtigen praktischen Ergebnissen. Wenn Licht elektromagnetische Strahlung war, folgte daraus, dass auch andere Strahlungsformen mit unterschiedlichen Wellenlängen existieren mussten. Bestätigt wurde diese Überlegung, als der deutsche Physiker Heinrich Hertz 1866 die Radiowellen entdeckte. Im Jahr 1896 führte der italienische Physiker Gugliemo Marconi dann nach zweijähriger Versuchsphase den Beweis, dass man mit Hilfe von Radiowellen kommunizieren kann. Die Welt hatte bereits begonnen, sich zu verändern.

Maxwells Erbe wirkt sich inzwischen auf die verschiedensten Bereiche unseres Lebens aus. Die Entwicklung moderner Elektronik beruht auf seinen theoretischen Überlegungen. Und all das wurde nur möglich, weil er sich Mitte des 19. Jahrhunderts zu fragen begann, wie die Beziehung zwischen Elektrizität und Magnetismus genau aussieht. Natürlich hätte früher oder später jemand anderes die Gesetze des Elektromagnetismus entwickelt, wenn es Maxwell nicht gelungen wäre. Aber dank Maxwells Erkenntnissen konnte sich die moderne elektronische Technologie so schnell entwickeln, wie es der Fall war.

Kapitel 1
Zu viele Elementarteilchen

Ungefähr zu Beginn des 20. Jahrhunderts glaubte man, sämtliche Rätsel der Physik gelöst zu haben. Die Natur wurde durch die beiden Kräfte Gravitation und Elektromagnetismus geprägt. Mit ihrer Hilfe ließ sich im Prinzip alles erklären. 1897 hatte man das Elektron entdeckt, Atome bestanden nach damaliger Auffassung aus negativ geladenen Elektronen und positiv geladener Materie. Man entwickelte Theorien, die Licht und elektromagnetische Strahlung mittels schwingender Elektronen erklärte. Auch die Eigenschaften von Materie wurden mit Hilfe des Elektromagnetismus veranschaulicht. Feste Materie existierte, weil die Moleküle durch elektromagnetische Kräfte zusammengehalten wurden. Man wusste zwar nicht genau, wie diese Kräfte wirkten, aber das galt als Detail, das früher oder später noch geklärt werden würde. Die Eigenschaften von Gasen schienen noch einfacher zu erläutern. Gase bestanden aus Molekülen, die sich mit hoher Geschwindigkeit bewegten und ständig miteinander und mit den Wänden des jeweiligen Behälters kollidierten. Offensichtlich hatte die Temperatur etwas mit der Geschwindigkeit der Moleküle zu tun. Je wärmer ein Objekt war, desto schneller bewegten sich die Moleküle, aus denen es bestand. Licht war natürlich nichts anderes als eine bestimmte Form elektromagnetischer Schwingung. Die Physik galt als beinahe abgeschlossenes Wissenschaftsgebiet. Um Faradays Theorie, die Naturkräfte könnten alle etwas miteinander zu tun haben, kümmerte sich niemand mehr. Zwar wusste man um die Verwandtschaft von Elektromagnetismus und Schwerkraft, denn elektrische und magnetische Kräfte konnten wie die Schwerkraft Objekte dazu bringen, sich gegenseitig anzuziehen. Doch man hielt dieses Phänomen nicht für erklärungsbedürftig. Schließlich konnte es doch auch zwei Kräfte in der Natur geben, die sich nicht beeinflussten.

Heute erscheint eine solche Ansicht naiv und extrem kurzsichtig, aber eigentlich war sie gar nicht so unvernünftig. Die einzigen Kräfte, mit denen wir im Alltag konfrontiert werden, sind schließlich Schwerkraft und Elektromagnetismus. Die Existenz des Lichts erlaubt uns, zu sehen, und Geräusche, also Schallwellen, ermöglichen uns das Hören. Geräusche entstanden aufgrund bestimmter Eigenschaften von Gasen, die Wechselwirkung zwischen den Molekülen in einem Gas waren so gut wie geklärt. Die Physik konnte erklären, warum Gegenstände wie Tische und Stühle fest waren. Zum größten Teil bestanden sie zweifellos aus leerem Raum. Moleküle nahmen nur relativ wenig Platz ein. Die elektromagnetischen Kräfte zwischen den Molekülen verhinderten jedoch, dass feste Objekte sich anzogen. Die Tatsache, dass man seine Hand nicht durch eine Tischplatte stecken konnte, war keine Überraschung.

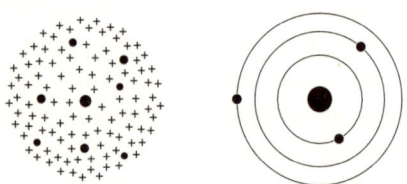

Abb. 1: Ältere und neuere Atommodelle. Bevor 1911 der Atomkern entdeckt wurde, stellte man sich Atome als positiv geladene Sphären vor, in die negativ geladene Elektronen eingebettet waren. Man sprach damals auch vom „Rosinenpudding". Die Elektronen waren die Rosinen und die Sphäre der Pudding. Als die Entdeckung des Atomkerns diese Vorstellung unhaltbar machte, wechselte man zu der Vorstellung, dass der Atomkern von Elektronen umkreist wird.

Dann aber wurde plötzlich alles anders. Im Jahr 1900 bewies der deutsche Physiker Max Planck, dass Materie nicht konstant Licht emittiert, wie sie es nach Maxwells Theorie des Elektromagnetismus eigentlich tun sollte. Im Gegenteil, Licht wurde vielmehr in Form kleiner Energiepakete abgegeben, die Planck *quanta* (Quanten) nannte.

Im Jahr 1905 führte Einstein Plancks Idee weiter und vermutete, dass Licht tatsächlich aus Teilchen (die man heute *Photonen* nennt) bestand, die Plancks Energiequanten entsprachen. Einstein war sich natürlich darüber im Klaren, dass Licht in Wellen auftrat. Was er sagen wollte, war, dass Licht gleichzeitig aus Wellen *und* aus Teilchen bestehen konnte. Anfangs schien dies zwar paradox, doch Einstein führte eine Reihe von Versuchen durch, die nur diesen Schluss zuließen.

In den nächsten zwei Jahrzehnten jagte eine Entdeckung die andere. 1911 entdeckte der britische Physiker Ernest Rutherford das Atom, 1913 legte der dänische Physiker Niels Bohr seine Quantentheorie vor. Die Arbeit von Rutherford und Bohr führte dann 1925 zur Entwicklung der Quantenmechanik. Die neuen Theorien erschienen zwar manchmal etwas obskur, konnten aber das Verhalten der Materie auf subatomarem Niveau erläutern.

Nicht nur eine, sondern gleich zwei vermeintlich widersprüchliche Quantentheorien wurden in jener Zeit entworfen. Der deutsche Physiker Werner Heisenberg formulierte eine recht abstrakte und höchst mathematische Theorie, die er als Matrizenmechanik bezeichnete, während der Österreicher Erwin Schrödinger eine eher auf Intuition beruhende Theorie entwickelte, wonach Materie aus Wellen bestand. Sowohl Heisenberg als auch Schrödinger lehnten jeweils die Ideen des Kollegen ab. Heisenberg hielt Schrödingers Arbeit für „Quatsch", während Schrödinger Heisenbergs Methoden „widerlich" fand. Schon kurze Zeit später wurde allerdings bewiesen, dass beide Theorien mathematisch äquivalent waren. Sie erschienen zwar sehr unterschiedlich, führten aber prinzipiell zu denselben Ergebnissen.

Man erkannte schnell, dass die Quantenmechanik etwas Paradoxes an sich hatte. So mussten nach ihr Licht und Materie die Eigenschaften von Wellen *und* von Teilchen besitzen, jedoch nicht zur selben Zeit. Ein Elektron beispielsweise verhielt sich in einem Versuch wie eine Welle, in einem anderen aber wie ein Elementarteilchen. Es war jedoch unmöglich, beide Eigenschaften gleichzeitig zu beobachten. Fast schien es, als ob der Beobachter es zwang, die eine oder andere Rolle einzunehmen. Und als ob dies noch nicht seltsam genug war, implizierte die Theorie außerdem, dass ein Elementarteilchen sich an mehreren Orten zugleich aufhalten konnte (dieses Phänomen wurde später übrigens in Versuchsreihen nachgewiesen). Trotz all dem schien die Quantenmechanik aber korrekt zu sein, denn mit ihr war es möglich, Voraussagen zu machen, die später in Experimenten belegt werden konnten.

Einige Paradoxien der Quantenmechanik sind bis heute ungelöst geblieben. Das Bild, das sie von der subatomaren Welt zeigt, lässt verschiedene Interpretationen zu. Im Jahr 1925 wusste noch niemand die Bedeutung der Quantenmechanik einzuschätzen und daran hat sich bis heute nur wenig geändert. Trotzdem kann man mit ihrer Hilfe mathematische Berechnungen durchführen, ohne auf philosophische Probleme Rücksicht nehmen zu müssen, und genau das wollen Physiker ja. Die Quantenmechanik war von Anfang an eine außergewöhnlich erfolgreiche Theorie. Sie bildet heutzutage die Basis fast der gesamten modernen Physik.

Die Welt der Physik wurde nicht viel komplizierter, als man die Quantenmechanik entwickelte. 1925 wusste man schließlich nur von zwei Elementarkräften und von zwei subatomaren Teilchen: dem Elektron und dem Proton. Wasserstoff bestand aus einem Proton und einem es umkreisenden Elektron. Komplexere Atomkerne erklärte man sich durch ein Mehr an Elektronen und dadurch, dass sowohl Elektronen als auch Protonen im Kern enthalten waren. So ließ sich aufzeigen, warum ein Kohlenstoffatom zwar zwölfmal so viel wiegt wie ein Proton, aber nur die sechsfache Ladung besitzt. Nach dem damaligen Wissensstand enthielt der Kohlenstoffkern zwölf Protonen und sechs Elektronen, also wurden sechs positive Ladungen der Protonen neutralisiert. 12 – 6 = 6. So einfach war das.

Die Kraft, die die Elementarteilchen zusammenhielt, war nicht bekannt. Sicher war nur, dass es nicht Elektromagnetismus sein konnte. Elektromagnetische Kraft sorgt dafür, dass positiv geladene Protonen sich abstoßen, nicht anziehen. Gleiche Ladungen stoßen sich ab, während ungleiche (positive und negative) Ladungen sich anziehen. Es musste also etwas geben, das die Abstoßung überwinden konnte.

Obwohl man oft nicht recht wusste, was man mit der Quantenmechanik anfangen sollte, hatte sich die Vorstellung der Physiker von der Materie nicht grundlegend verändert. Sie glaubten weiterhin an zwei Elementarkräfte. Es schien zwar möglich, dass es noch eine unbekannte dritte Kraft gab, die nur auf atomarer Ebene wirksam war, aber dieses Problem würde schon irgendwann geklärt werden. Immer noch dachte man, dass Materie aus Protonen und Elektronen besteht. Natürlich musste man jetzt auch die Existenz von Photonen anerkennen, aber Photonen hatten mit Licht zu tun und waren nicht Bestandteile von Atomen.

Das Neutron

Im Jahr 1932 begann sich allerdings diese simple Vorstellung zu ändern, denn in diesem Jahr entdeckte der englische Physiker James Chadwick das Neutron. Das Neutron war bis dahin nicht gefunden worden, weil es elektrisch neutral ist und deshalb bei Versuchen mit elektrischen und Magnetfeldern nicht in Erscheinung tritt. Glücklicherweise führte die Entdeckung dieses neuen Teilchens nicht zu neuen Problemen. Im Gegenteil, sie führte sogar zu einer Lösung. Nach quantenmechanischen Berechnungen würden Elektronen sich nicht an Atomkerne binden lassen. Ihre Geschwindigkeit war dafür einfach zu groß. Wenn der Atomkern allerdings aus Protonen und Neutronen bestand, verschwand dieses Problem.

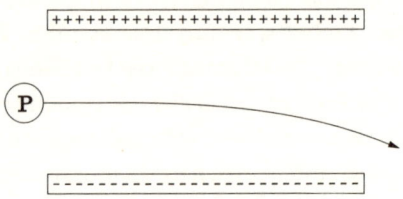

Abb. 2: Die Ablenkung eines geladenen Teilchens in einem elektrischen Feld. Im obigen Beispiel passiert ein Proton zwei geladene Elektroden. Es nähert sich der negativ geladenen Elektrode an. Auch ein Magnetfeld verändert die Bahn eines geladenen Teilchens. Ein Neutron bleibt jedoch von elektrischen und Magnetfeldern unbeeinflusst, da es, wie der Name vermuten lässt, elektrisch neutral ist.

Unglücklicherweise – zumindest zum Leidwesen einiger Physiker, die glaubten, nun eine schöne und einfache Konzeption von den Bestandteilen der Materie zu besitzen – wurden in den folgenden Jahren noch einige weitere Teilchen entdeckt. Im selben Jahr, als Chadwick das Neutron aufspürte, fand der amerikanische Physiker Carl Anderson den Nachweis für das Positron – ein positiv geladenes Elektron – in kosmischer Strahlung. Im Gegensatz zu Protonen, Neutronen und Elektronen befinden sich Positronen nicht in gewöhnlicher Materie. Es stellte sich heraus, dass die subatomare Welt weit mehr zu bieten hat, als man bis dahin vermutet hatte.

1936 stießen mehrere Wissenschaftler, die die kosmische Strahlung studierten, endlich auf ein weiteres, negativ geladenes Teilchen, dessen Masse zwischen der eines Elektrons und der eines Protons lag. Es wurde anfangs Mesotron, später Myon – nach dem griechischen Buchstaben my – genannt. Myonen besitzen etwa dieselben Eigenschaften wie Elektronen, haben aber das 207-fache Gewicht. Die Verwandtschaft zwischen den beiden Teilchen war alles andere als offensichtlich. Tatsächlich bestand anfangs große Verwirrung über das Wesen des neuen Teilchens. Um diese Verwirrung zu verstehen, muss man allerdings ein wenig zurückschauen.

Das Rätsel der Fernwirkung

Als Newton 1687 die Gravitationsgesetze niederschrieb, wussten viele seiner Zeitgenossen nicht, wie man sie auf große Entfernungen anwenden könnte. Sie verstanden nicht, wie zwei weit voneinander entfernte Körper sich gegenseitig beeinflussen sollten. Ihnen waren nur Kräfte zwischen Körpern bekannt, die in direktem Kontakt standen. Newtons Gravitation war ihrer Meinung nach genau die Art von „okkulter" Kraft, mit der sie eigentlich nichts zu tun haben wollten. Der Begriff „okkult" bedeutete damals noch „unsichtbar" oder „mysteriös". Die Wissenschaftler jener Zeit verlangten, dass man sich an die Dinge hielt, die man sehen oder messen konnte. Obwohl sie wussten, dass Körper sich aufgrund der Schwerkraft anzogen, konnten sie sich nicht vorstellen, wie sie auch im leeren Raum wirken sollte. Also bezeichneten sie sie als „okkult".

Newton hatte darauf keine Antwort. Er konnte nur entgegnen, dass es sich „nicht um Hypothesen handelt". Damit meinte er, dass er zwar berechnen konnte, wie groß die Anziehungskraft zwischen zwei Körpern ist, aber nicht, wie die Schwerkraft genau funktioniert. Er wusste auch nicht mehr als seine Kritiker.

Dieses Problem ließ sich erst dann richtig klären, als ein Teilbereich der Quantenmechanik, den man Feldtheorie nennt, weiter entwickelt wurde. Als die Quantenmechanik in den 30er Jahren des 20. Jahrhunderts vertieft wurde, begann die Wissenschaft zu realisieren, dass Abstoßung und Anziehung durch das Verhalten der Elementarteilchen erklärt werden konnten. Das Photon ist der Träger elektromagnetischer Kraft. Zwei negativ geladene Elektronen stoßen sich zum Beispiel ab. Nach der Quantenmechanik entsteht die Abstoßung dadurch, dass beide Elektronen Photonen aussenden, die von dem anderen aufgenommen werden. Man kann das Prinzip mit zwei Eisläufern vergleichen, die sich schwere Bälle zuwerfen. Jedesmal, wenn einer von ihnen einen Ball wirft oder auffängt, bewegt er sich von dem anderen fort. Der Werfende spürt einen leichten Rückstoß, während der Fänger von dem Ball ebenfalls nach hinten geschoben wird.

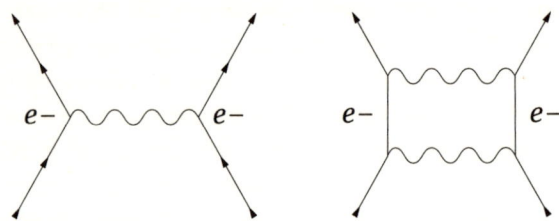

Abb. 3: Abstoßung zwischen gleichen Ladungen. Zwei Elektronen stoßen sich ab, wenn sie Photonen austauschen. Hier wird dies an zwei einfachen Beispielen demonstriert. In Abb. 3a tauschen die Elektronen ein Photon aus, in Abb. 3b zwei Photonen. Man nennt diese Abbildungen Feynman-Diagramme nach dem amerikanischen Physiker Richard Feynman, der sie entwickelt hat.

Der Photonenaustausch erklärt auch die Anziehungskraft ungleicher Ladungen wie die des Protons und des Elektrons. Dieses Phänomen ist zwar nicht komplizierter als das der Abstoßung gleich geladener Elementarteilchen, aber nicht mit derselben Analogie zu veranschaulichen. Man kann sich zwar die beiden Eisläufer mit dem Rücken zueinander vorstellen, die sich gegenseitig Bumerangs zuwerfen, aber dieses Bild hat keine allzu große Überzeugungskraft, meine ich.

Die Photonen, die geladene Teilchen austauschen, sind noch nie beobachtet worden. Trotzdem sind sie sehr real. Theorien, die Kräfte durch Teilchenaustausch erklären, müssen durch Versuche bekräftigt werden können, was in diesem Fall bei verschiedenen Experimenten auch zu einem hohen Grad gelungen ist. Nicht alle physikalischen Mechanismen können direkt beobachtet werden. Trotzdem kann man sie experimentell überzeugend nachweisen. Der Photonenaustausch ist nur ein Beispiel von vielen.

Auch die Schwerkraft kann man als Austausch von hypothetischen Teilchen sehen, die man Gravitonen nennt. Im Gegensatz zu Photonen, die man immerhin in Form von Licht wahrnehmen kann, hat noch nie jemand Gravitonen gesehen. Bis jetzt gibt es keine Versuche, mit denen man sie nachweisen kann. Trotzdem bezweifelt kaum einen Physiker ihre Existenz.

Was all das mit dem Myon zu tun hat? Nun, im Jahr 1935, also ein Jahr vor der Entdeckung des Myons, veröffentlichte der japanische Physiker Hideki Yukawa eine Theorie, in der er die Teilchenkräfte durch den Austausch von so genannten Mesonen erklärte. Nach Yukawas Theorie hätte ein Meson etwa die 200-fache Masse eines Elektrons haben müssen. Damit schien das Myon bzw. Mesotron, wie es damals noch genannt wurde, das Ei des Kolumbus zu sein.

Später fand man allerdings heraus, dass das Myon doch nicht die passenden Eigenschaften besitzt, um als Träger von Teilchenkräften zu fungieren. Das tatsächliche Meson wurde 1947 von dem englischen Physiker Cecil Powell entdeckt. Man nannte es pi meson, um es von dem zuvor entdeckten Teilchen unterscheiden zu können. Später wurde der Name dann zu *Pion* verkürzt.

Die Entdeckung des Pions warf die Frage auf, warum das Myon überhaupt existieren sollte. Schließlich war es kein Bestandteil von Materie. Wenn plötzlich alle Myonen aus dem Universum verschwänden, würden die meisten Menschen das wahrscheinlich gar nicht bemerken. Myonen sind nur durch physikalische Experimente nachweisbar. Es half dabei auch nicht, es als „schweres Elektron" zu bezeichnen. Es war zwar möglich, wasserstoffähnliche Atome aus Protonen und Myonen zu bilden, sie kommen jedoch in der Natur nicht vor. Den Physikern blieb vorerst nur die Erkenntnis, dass die subatomare Welt komplizierter war, als sie bisher geglaubt hatten.

Die vier Kräfte

Jetzt wusste man also, dass es nicht zwei, sondern vier natürliche Kräfte gibt. Dazu zählte die Gravitation, der Elektromagnetismus, eine *starke* Kraft, die Elementarteilchen zusammenhielt, und eine *schwache* nukleare Kraft. Um zu verstehen, wie es zur Entdeckung der schwachen Kraft kam, muss man etwas weiter in die Vergangenheit schauen.

Innerhalb weniger Jahre nach der Entdeckung der Radioaktivität durch den französischen Physiker Henri Becquerel im Jahr 1896 war festgestellt worden, dass radioaktive Elemente drei verschiedene Formen von Strahlung abgaben. Man benannte sie nach den ersten drei Buchstaben des griechischen Alphabets Alpha-, Beta- und Gammastrahlung (griechische Buchstaben werden in der Physik sehr häufig verwendet). Alphastrahlung besteht aus relativ schweren Partikeln, die zwei Protonen und zwei Neutronen enthalten. Sie entspricht also der Zusammensetzung von Heliumkernen. Betastrahlung besteht einfach aus Elektronen, und Gammastrahlung ist eine Form hochenergetischer, elektromagnetischer Strahlung. Damals verstand man noch nicht, wie und warum diese Strahlung frei wurde. Im Fall der Betastrahlung ergab sich noch ein zusätzliches Problem.

Die von einem bestimmten Element abgegebene Alpha- und Gammastrahlung besitzt ein konstantes Energieniveau. Die etwa von Uranium 238 frei gesetzten Teilchen haben immer dieselbe Geschwindigkeit und also auch dieselbe Bewegungsenergie. Auf die Betastrahlung trifft dies nicht zu. Manche Elektronen, die beim Zerfall eines bestimmten Elements frei werden, weisen mehr Energie auf als andere. Die Energiedifferenz ist dabei nicht konstant. Die von einem radioaktiven Element abgegebenen Elektronen können innerhalb eines gewissen Spielraums jedes Energieniveau annehmen. Ein Elektron kann fünf Prozent, aber auch 40 Prozent mehr Energie besitzen als ein anderes. Die Energieniveaus liegen zwischen beinahe null und einem bestimmten Maximalwert.

Der Grund dafür ist nicht einfach herauszufinden. Ursprünglich nahm man an, dass radioaktiver Zerfall immer dieselbe Energiemenge produziert. Bei langsamen Elektronen war aber ein Teil der Energie verloren gegangen. Der Österreicher Wolfgang Pauli legte 1930 eine mögliche Lösung des Rätsels vor. Pauli vermutete, dass nur ein Teil der bei radioaktivem Zerfall entstehenden Energie von dem Elektron abtransportiert wurde, der Rest aber von einem bis dahin unbekannten Teilchen namens Neutrino. Paulis Neutrino besaß keine Masse* und bewegte sich mit Lichtgeschwindigkeit. Die Frage, wie unterschiedliche Neutrinos unterschiedliche Energieniveaus haben können, war schnell geklärt. Auch Photonen besitzen keine Masse. Dennoch hat ein Photon im ultravioletten Bereich mehr Energie als ein Photon im sichtbaren Bereich von Licht, und ein Photon im Röntgenbereich ist noch energiereicher.

Pauli wurde nach seiner Veröffentlichung von Gewissensbissen geplagt. „Ich habe das Schlimmste getan, was ein Theoretiker tun kann", sagte er einmal zu seinem Kollegen Walter Baade aus Deutschland. „Ich habe ein Element eingeführt, das man niemals experimentell nachweisen können wird." Sollte Paulis Neutrino wirklich existieren, muss es etwas sein, das praktisch niemals mit Materie reagiert. Ein Neutrino müsste in der Lage sein, die gesamte Erde zu durchqueren, ohne auf ein Hindernis zu stoßen.

---

* Bis 1998 nahm man allgemein an, dass das Neutrino keine Masse aufweist. Dann zeigten Versuche, dass es wohl doch etwas Masse besitzt, wenn sie auch viel kleiner ist als die des bis dahin leichtesten bekannten Teilchens, des Elektrons.

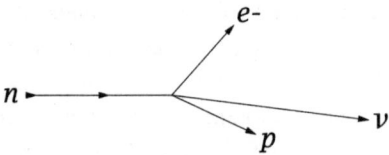

Abb. 4: Betastrahlung. Hierbei zerfällt ein Neutron in drei Teilchen: ein Proton, ein Elektron und ein Neutrino. Das Neutrino wird hier durch den griechischen Buchstaben ny (ν) dargestellt.

Und doch führten die amerikanischen Physiker Clyde Cowan Jr. und Frederick Reines 1956 den Nachweis für die Existenz des Neutrinos. Cowan und Reines experimentierten in der Nähe eines Kernkraftwerks am Savannah River in South Carolina. Nach ihrer Überlegung musste der Reaktor 10^{18} Neutrinos pro Sekunde abgeben (sofern sie überhaupt existierten). Die meisten würden ihnen entwischen, aber wenn nur ein paar von ihnen reagierten, gab es eine reelle Chance, sie beobachten zu können.

Inzwischen wissen wir: Neutrinos sind die häufigsten Teilchen im Universum. Milliarden von ihnen durchqueren ununterbrochen unsere Körper. Allerdings sind sie wie das Myon kein Bestandteil normaler Materie. Sie existieren nicht innerhalb von Atomkernen, sondern entstehen im Gegenteil nur bei Beta-Zerfall. Die Neutronen bestimmter radioaktiver Elemente zerfallen in ein Proton, ein Elektron und ein Neutrino. Das Elektron wird in Form von Betastrahlung wahrgenommen, der Verlust des Neutrons führt dazu, dass der Atomkern in ein anderes Element übergeführt wird.

Paulis Theorie stieß anfangs auf große Skepsis. Der Italiener Enrico Fermi zeigte sich jedoch dem Problem gegenüber offener. Sollte das Neutrino de facto existieren, so seine Überlegung, müsste man doch eine Theorie entwickeln können, die die Betastrahlung beschreibt. Während seiner Arbeit daran erkannte er, dass man eine vierte natürliche Kraft voraussetzen musste, die sich von Schwerkraft, Elektromagnetismus und der starken

Teilchenkraft unterschied. Fermis Entdeckung bezeichnet man seitdem als schwache Teilchenkraft oder einfach als *schwache Kraft*.

Nach den Arbeiten von Fermi und Yukawa musste es also nicht zwei, sondern vier Kräfte in der Natur geben. Die Versuche der nächsten Jahrzehnte bewiesen ihre Theorien. Fermi führte seine Überlegungen in den 30er Jahren durch, aber bis heute hat sich an dem Glauben an die vier elementaren Kräfte nichts geändert. Die Schwerkraft ist die schwächste von ihnen. Sie ist deshalb so wichtig, weil sie praktisch unbegrenzte Reichweite besitzt. Selbst weit voneinander entfernte Galaxien beeinflussen sich gegenseitig, und die Gravitation bedingt sogar die Expansion des gesamten Universums. Auch der Elektromagnetismus wirkt unbegrenzt weit. Allerdings hat das kaum Konsequenzen für die Praxis, denn alle Körper wie Planeten, Sterne und Galaxien sind elektrisch neutral. Selbst wenn ein Körper plötzlich zu einer elektrischen Ladung kommen sollte, würde er sie schnell wieder verlieren. Ein positiv geladener Körper würde so viele Elektronen anziehen, dass er wieder neutral würde. Planeten wie die Erde, auch Galaxien, besitzen Magnetfelder. Sie sind aber im Vergleich zu den in den Labors erzeugten relativ schwach. Das Magnetfeld der Erde ist zum Beispiel schwächer als das eines kleinen Magneten, mit dem ein Kind spielen könnte. Wenn man einen solchen Magneten neben einen Kompass hält, schlägt die Nadel in seine Richtung aus und nicht in Richtung der Erdpole.

Die starke Kraft ist etwa 10^{39}-mal so stark (das ist eine 1 mit 39 Nullen) wie die Schwerkraft, besitzt aber nur eine geringe Reichweite. Schon bei Entfernungen, die den Durchmesser eines Atomkerns überschreiten, verliert sie ihre gesamte Intensität. Die schwache Kraft wirkt etwas weiter, nämlich etwa bis zum Durchmesser eines Atoms (der ungefähr 100-mal größer ist als der eines Atomkerns). Darüber hinaus bleibt jedoch auch sie unwirksam. Die Intensität der schwachen Kraft beträgt etwa ein 100000stel der starken Kraft. Daher der Name.

In den Jahren 1930–1935 war die subatomare Welt deutlich komplizierter geworden als noch im Jahr 1900 oder gar 1915. Man kannte jetzt nicht nur vier statt zwei Kräfte, sondern auch sieben statt der bis dahin nur zwei Arten von Teilchen: Proton, Neutron, Elektron, Neutrino, Positron, Photon und Mesotron (bis zu diesem Zeitpunkt hatte man wie gesagt noch nicht erkannt, dass das Myon nicht das Meson war, das Yukawa vorausgesagt hatte).

Wie sich zeigen sollte, war das jedoch erst der Anfang.

Zu viele Teilchen

Während der 30er Jahre begann man, mit Teilchenbeschleunigern zu arbeiten, das sind Geräte, die geladene Teilchen mit Hilfe von Magnetfeldern oder elektromagnetischen Feldern beinahe auf Lichtgeschwindigkeit beschleunigen können. Das erste dieser Geräte mit dem Namen Zyklotron wurde 1930 von dem amerikanischen Physiker Ernest Lawrence entwickelt und arbeitete mit Magnetfeldern. Das erste Zyklotron war mit einem Durchmesser von nur wenigen Zentimetern relativ klein. Schon bald folgten jedoch größere Modelle, die von Lawrence und einigen seiner Kollegen konstruiert wurden. Am Ende des Jahrzehnts waren bereits 35 Zyklotronen in Betrieb, zahlreiche weitere befanden sich in Bau.

Die Geschwindigkeit, die Teilchen innerhalb der Beschleuniger erreichen konnten, war begrenzt. In den 40er Jahren wurden die Geräte jedoch in verschiedener Hinsicht überarbeitet und verfeinert. So entstand eine neue, leistungsfähigere Generation von Beschleunigern.

Heute sind die Geräte meist sehr groß. Beispielsweise ist der Beschleuniger im Fermi National Accelerator Laboratory (auch Fermilab genannt) in Batavia, Illinois, mehr als 1,5 km lang. Und schon während ich diese Zeilen schreibe, wird im CERN (dem Centre Européen pour la Recherche Nucléaire, ein

internationales, von mehreren europäischen Ländern geför-
dertes Projekt) in der Schweiz an einem noch größeren Modell
gearbeitet.

Wenn Teilchen mit hoher Geschwindigkeit aufeinanderpral-
len, werden enorme Mengen Energie frei. *Enorm* ist hier natürlich in Relation zu der Energie zu sehen, die normalerweise
auf subatomaren Niveau vorherrscht. Die in Beschleunigern
produzierte Energie wohnt einzelnen Teilchen inne. Ein Kern-
reaktor ist ein riesiges Gerät. Auch ein Teilchenbeschleuniger
kann, wie gesagt, groß sein, dringt jedoch in Dimensionen der
Materie vor, die viel kleiner sind als ein Atomkern (dessen
Durchmesser etwa ein Billionstel Millimeter beträgt). Das führt
zu verschiedenen Kernreaktionen, bei denen viele neue Teilchen entstehen.

Wenn zum Beispiel zwei Protonen kollidieren, können daraus ein Pion und ein Deuteron (wir erinnern uns: ein aus
Elektron und Neutron zusammengesetztes Teilchen) entstehen. Freie Pionen überleben nicht sehr lange, sondern zerfallen schnell in andere Teilchen. Ein neutrales Pion (Pionen
können positiv, negativ oder neutral sein) beispielsweise zerfällt in zwei Gammastrahlen. Pionen bestehen jedoch lange
genug, um ihre Existenz nachweisen zu können.

Je mehr Energie zur Verfügung steht, desto komplexer werden die Reaktionen. Im Lauf der 40er Jahre wurden diverse
Teilchen entdeckt, darunter auch Yukawas Meson. Ende der
50er Jahre kannte man bereits mehrere Hundert. Die meisten
neu entdeckten Teilchen besaßen nur eine sehr kurze Lebensdauer, manche existierten bloß den billionsten Teil einer Sekunde. In der Fachwelt spricht man häufig eher von *Resonanzen* als von *Teilchen*. Auch wenn diese sehr kurzlebig gewesen
sind, muss man ihre Existenz nichtsdestoweniger anerkennen.

Probleme über Probleme

Schon bald tauchten neue Schwierigkeiten auf. Man hatte in der Physik anfangs versucht, die Eigenschaften von Atomen und Atomkernen anhand einiger weniger Teilchen zu erklären. Jetzt aber war die Zahl der bekannten Teilchen um ein Vielfaches gestiegen. Mit sieben grundlegenden Elementen des Universums hätte man ja noch leben können, aber mit Hunderten? Offensichtlich konnten sie nicht alle zu den Elementarteilchen gehören. Zu allem Übel verhielten sich manche Teilchen nicht so, wie man es von ihnen erwartete. Sie zerfielen beispielsweise nicht so, wie sie „sollten". Die Physiker führten sogar die Eigenschaft „Strangeness" (Seltsamkeit) ein. Auch wenn sich die Strangeness mathematisch einordnen ließ, vereinfachte sie das Gebiet der Kernphysik aber nicht wirklich.

Hinzu kam, dass niemand wusste, was jene Kernkraft genau war. Die Mesontheorie stellte dabei keine Hilfe dar. Als Yukawa seine Theorie formulierte, konnte er über die Kraft, die die Neutronen und Protonen zusammenhält, nur Vermutungen anstellen. Seine Vermutungen waren immerhin so gut, dass ihre Richtigkeit später teilweise experimentell bestätigt werden konnten. Mesonen existieren tatsächlich, und ihre Masse war von Yukawa recht genau vorhergesagt worden. Allerdings gab es auch Bedingungen, unter denen Yukawas Überlegungen nicht zutrafen; manche seiner Voraussagen erwiesen sich in Versuchen als vollkommen falsch.

Man wusste, dass sich die Kernkraft von Gravitation und Elektromagnetismus unterschied. Die Schwerkraft zwischen zwei Körpern oder mit anderen Worten: die Kräfte zwischen elektrischen Ladungen respektive magnetischen Polen werden durch quadratische Abstandsgesetze definiert. Die Kräfte verringern sich im Quadrat zum Abstand zwischen zwei Objekten. Nimmt man also zwei elektrische Ladungen oder zwei Schwerkraft ausübende Körper, so lässt die Kraft zwischen ihnen um den Faktor 4 nach, wenn sich der Abstand zwischen ihnen ver-

doppelt (2 x 2 = 4; 4 ist also das Quadrat von 2). Wenn die Körper den dreifachen Abstand einnehmen, sinkt die Kraft auf ein
Neuntel des ursprünglichen Werts (3 x 3 = 9; durch Umkeh-
rung erhält man den Wert ein Neuntel).

Für die Kraft innerhalb der Atome, wie immer sie auch aussah, konnte dieses Gesetz nicht gelten. Wenn zwei Protonen,
zwei Neutronen oder ein Neutron oder ein Proton voneinander entfernt werden, verringert sich die Kraft zwischen ihnen
nicht nach diesem Gesetz. Stattdessen fällt sie ab einem bestimmten Punkt plötzlich auf null. So ermittelte man für die
starke Kraft (hier auch als Kernkraft bezeichnet) eine Reichweite von 10^{-13} Zentimetern.

In den 60er Jahren konnte man einige Erfolge erzielen und
sich der Kernkraft zumindest annähern. Allerdings blieb es bei
der Annäherung. Eine mathematische Formel konnte nicht
entwickelt, auch die Gründe für ihre Eigenschaften nicht geklärt werden.

In den 50er und 60er Jahren fanden sich die Physiker in einer Situation wieder, wie sie auch die Astronomen in der Zeit
erlebt hatten, bevor Kopernikus sein heliozentrisches Sonnensystem präsentiert hatte, in dem sich die Planeten um die Sonne und nicht um die Erde drehten. Die Welt der subatomaren
Teilchen war noch um ein vielfaches komplizierter. Niemand
wusste genau, warum die Reaktionen so abliefen, wie sie es
taten. Einige Fachleute vermuteten zwar, dass die meisten
neuen Teilchen tatsächlich nur die bekannten Teilchen mit
unterschiedlichen Energieniveaus waren, aber das half in der
Sache auch nicht weiter. Die Physik ist eine Tochter der Mathematik, daher führt eine Umformulierung bestehender Sach-
verhalte keineswegs zu einem besseren Verständnis. Was fehlte,
war der Mut, einen völlig neuen Zugang zu suchen. Wie dieser
Zugang aussehen sollte, konnte allerdings niemand sagen.

Intermezzo
Einsteins vereinheitlichte Feldtheorie

Kurz nachdem Albert Einstein 1915 seine Allgemeine Relativitätstheorie veröffentlicht hatte, begann er mit der Suche nach einer einheitlichen Feldtheorie, die Gravitation und Elektromagnetismus miteinander verbinden sollte. Er hatte damals allen Grund dazu, eine solche Theorie für realisierbar zu halten. Schließlich waren Gravitation und Elektromagnetismus die einzigen bekannten Kräfte. Im Übrigen waren sie einander ähnlich, denn sowohl Anziehung als auch Abstoßung wirkten über große Entfernungen. Wie Magnetismus und Elektromagnetismus konnte die Gravitation durch quadratische Abstandsgesetze beschrieben werden, wenn sie nicht zu groß war.* Einstein hielt es für möglich, dass Gravitation und Elektromagnetismus nur zwei Seiten einer (physikalischen) Medaille waren.

Einstein widmete den Rest seines Lebens der Arbeit an der einheitlichen Feldtheorie. Als er 1955 starb, hatte er sein Ziel noch immer nicht erreicht. Allerdings hatte er zeitweise geglaubt, der Lösung schon recht nahe zu sein. Bereits 1925 veröffentlichte er erste Ergebnisse, die er aber später widerrief. Kurz nach der Veröffentlichung kamen ihm erste Zweifel. In einem Brief an den österreichisch-holländischen Physiker Paul Ehrenfest schrieb er: „Einmal mehr habe ich eine Theorie der Gravitationselektrizität gefunden; sie ist sehr schön, aber zweifelhaft." Noch im selben Jahr bezeichnete er sie als „wertlos".

---

* Newtons Abstandsgesetze treffen innerhalb der Allgemeinen Relativität nicht immer zu. Sein Gravitationsgesetz führt jedoch in den meisten Fällen zu relativ genauen Ergebnissen.

114

Sein ganzes Leben lang verfasste Einstein Artikel über die Vereinheitlichung von Schwerkraft- und elektromagnetischen Feldern. Das, was er suchte, fand er jedoch nie. Dabei konzentrierte er sich so sehr auf seine Aufgabe, dass er sich von seinen Kollegen isolierte, die inzwischen tiefer in die Welt der Quantenmechanik und der Elementarteilchen eindrangen. Viele seiner Zeitgenossen glaubten, dass Einstein sein Leben vergeudete. Damit hatten sie vielleicht nicht ganz Unrecht. Seine letzten bedeutenden Arbeiten stammen aus den Jahren 1924 und 1925. Danach widmete er sich vollständig der Suche nach etwas, das die meisten seiner Mitstreiter für ein Luftschloss hielten.

Auch wenn es Einstein nicht gelang, das, wonach er gesucht hat, zu finden, lohnt es sich, seine Versuche etwas näher zu betrachten. Das Problem der Vereinheitlichung ist inzwischen das wichtigste der gesamten Physik geworden. Einstein zeichnete einige Lösungswege vor, die ein halbes Jahrhundert später wieder aufgenommen wurden. Dabei denke ich besonders an seine Einbeziehung einer weiteren Dimension. Seine Absicht war es, eine einheitliche Theorie mit Hilfe von fünf (vier räumlichen und einer zeitlichen) Dimensionen zu formulieren. Heute versucht man, alle vier räumlichen Kräfte in zehn- und elfdimensionale Theorien einzubinden.

Einstein versuchte, sich dem Problem gleich von zwei Seiten zu nähern. Zuerst suchte er eine Formel innerhalb der üblichen Anzahl von Dimensionen zu finden, die seine Gravitationstheorie generalisieren sollte. Das war eine monumentale Aufgabe. Im Vergleich zu Newtons Gravitationstheorie ist die Allgemeine Relativität äußerst kompliziert. Bei Newton hängt die Stärke eines Schwerkraftfelds nur von einer Variablen ab: der Masse eines Körpers. Ein Körper mit doppelter Masse übt die doppelte Schwerkraft aus. In der Allgemeinen Relativität hängt das Schwerkraftfeld aber von zehn verschiedenen Faktoren ab, die miteinander in sehr komplexen Beziehungen stehen. Die Allgemeine Relativität ist so kompliziert, dass bisher keine einheitlichen Lösungen für Einsteins Gleichungen gefunden werden konnten. Die Gleichungen können nur in Einzelfällen gelöst werden, in denen man mehrere Variablen als gegeben ansieht. Zum Glück sind viele dieser Fälle von großem physikalischen Interesse. Es ist beispielsweise nicht sehr schwierig, Schwerkraftfelder in der Nähe der Sonne zu berechnen. Hier hat man es mit einer beinahe sphärischen (kugelförmigen) Masse zu tun, deren Schwerkraft so groß ist, dass man für die Praxis alle Einwirkungen der verschiedenen Planeten vernachlässigen kann.

Einstein sah sich noch einem weiteren Problem gegenüber. Es gab keinerlei Erfahrungswerte, an die er sich hätte halten können. Maxwell hatte seine Theorien über den Elektromagnetismus auf der Basis zahlloser Versuche mit elektrischen und magnetischen Kräften entwickelt. Newton gründete seine Gravitationstheorie auf die Beobachtung, dass sich Körper in Erdnähe ähnlich verhalten wie Himmelskörper. Nachdem er erkannt hatte, dass bei beiden dieselbe Kraft – die Schwerkraft – am Werk war, konnte er seine Erkenntnisse in mathematische Formeln umsetzen.

Einsteins Problem war viel komplizierter. Es hatte noch keine Versuche gegeben, die eine Beziehung von Gravitation und Elektromagnetismus gezeigt hätten. Also hatte er keine andere Wahl, als eine mathematische Formel nach der anderen auszuprobieren und zu hoffen, die richtige zu entdecken. Dieses Projekt war natürlich zum Scheitern verurteilt.

Daher wandte er sich einer fünften Dimension zu. Als auch das nicht zum gewünschten Ergebnis führte, kehrte er zu seinem Ausgangspunkt zurück. So sprang er für den Rest seines Lebens zwischen diesen beiden Lösungsansätzen hin und her. Jedesmal wenn er mit einem Ansatz scheiterte, probierte er es wieder mit dem anderen.

Die „vierte Dimension"

Eine Zeit lang griffen viele Science-Fiction-Autoren die Idee einer vierten Dimension auf. Sie gingen von der Prämisse aus, dass es tatsächlich vier räumliche Dimensionen gibt, von denen wir aber nur drei kennen. Heutzutage verwendet man diesen literarischen Kniff kaum noch. Er hat sogar eher den Charakter eines Klischees angenommen. Allerdings wirft er die Frage auf, ob es eine solche Dimension nicht tatsächlich geben könnte.

Wie sich herausgestellt hat, kann man diese Frage eindeutig mit nein beantworten. Man kann zum Beispiel mathematisch beweisen, dass es stabile Umlaufbahnen von Planeten nicht gäbe, wenn mehr oder weniger als drei räumliche Dimensionen existierten. Die Erde und auch die anderen Planeten würden entweder in den Raum driften oder auf einer spiralförmigen Bahn in die Sonne stürzen. Da dies bisher nicht passiert ist, können wir mit Sicherheit davon ausgehen, in einer dreidimensionalen Welt zu leben.

Physiker sprechen zwar häufig von der vierdimensionalen *Raumzeit*, wenn sie Einsteins Theorien diskutieren, meinen damit aber etwas anderes. In der Relativität gibt es nur drei räumliche Dimensionen. Die vierte Dimension ist die Zeit. Von Raumzeit, ich erwähnte es bereits, spricht man deshalb, weil Raum und Zeit miteinander verschränkt sind. Man kann also kaum das eine ohne das andere betrachten. Trotzdem darf man nicht außer Acht lassen, dass Newton genau wie Einstein von vier Dimensionen ausging. Nur konnte man bei Newton Raum und Zeit noch als getrennte Einheiten betrachten.

Einstein wusste natürlich, dass unsere Welt drei Dimensionen besitzt. Trotzdem versuchte er, seine Theorien auf der Basis von vier Dimensionen zu entwickeln. Auf den ersten Blick scheint sich dies zu widersprechen. Um zu verstehen, warum das dennoch nicht der Fall ist, muss man in das Jahr 1914 zurückgehen, als der finnische Physiker Gunnar Nordström mit einem fünfdimensionalen Raum experimentierte, um Gravitation und Elektromagnetismus zu kombinieren. Nordströms Arbeit erwies sich aufgrund verschiedener Versuchsergebnisse leider schon bald als wertlos. Er konnte unter anderem nicht erklären, weshalb Lichtstrahlen in der Nähe der Sonne abgelenkt werden. Dieses Phänomen wurde 1919 entdeckt. Einsteins im vierdimensionalen Raum angesetzte Allgemeine Relativität war jedoch dazu in der Lage. Eigentlich hatte man die Versuchsreihe 1919 nur durchgeführt, um Einsteins Vorhersage zu überprüfen, dass dieser Effekt auch mit bloßem Auge zu erkennen sein sollte.

Im selben Jahr brachte der polnische Physiker Theodor Kaluza eine weitere Theorie auf, die Einsteins Ergebnisse generalisierte. Seinerzeit konnte man wissenschaftliche Artikel nur dann veröffentlichen, wenn sie von renommierten Physikern gutgeheißen wurden. Also legte Kaluza, der als Privatdozent arbeitete, seine Ideen Einstein vor. Dieser zeigte sich von einigen Einzelheiten durchaus beeindruckt, riet Kaluza jedoch, den Artikel vor der Publikation noch einmal zu überarbeiten. Kaluzas Arbeit war seiner Meinung nach gut, aber Einstein vermisste Anregungen, wie man die Theorie auch experimentell bestätigen könnte.

Zwei Jahre geschah überhaupt nichts. 1921 wurde Einstein dann auf den deutschen Mathematiker Hermann Weyl aufmerksam, der sich ebenfalls um die Vereinheitlichung von Gravitation und Elektromagnetismus bemühte. Da ihm Weyls Theorie noch unhaltbarer schien, empfahl er schließlich Kaluza die Veröffentlichung seiner Ideen.

Schon kurz nachdem sie erschienen war, fand man eine ganze Reihe von Fehlern in Kaluzas Arbeit. Sie konnte zum Beispiel keine Quantenphänomene erklären (auf diesen Punkt komme ich gleich noch einmal zurück), außerdem wurde nicht deutlich, ob man die zusätzliche Dimension als physikalisch real oder nur als mathematische Fiktion ansehen sollte. Niemand wusste, wie sich diese Fehler ausmerzen ließen.

Im Jahr 1926 schlug dann der schwedische Physiker Oskar Klein eine Lösung vor, die erklärte, warum man Kaluzas fünfte Dimension nicht finden konnte. Nach Klein hätte sie „geballt" sein können, auf den Raum eines Atomkerns zusammengepresst. Man kann diese Vorstellung mit einem Blatt Papier vergleichen, das zusammengerollt und dann immer stärker eingedreht wird. Der entstandene Zylinder wird dadurch immer kleiner. Könnte man diesen Vorgang unendlich weit fortführen, würde eine Dimension des zweidimensionalen Papiers so klein, dass man sie nicht mehr erkennen könnte. Aus dem Zylinder wäre eine eindimensionale Strecke geworden.

Man muss nicht davon ausgehen, dass alle Dimensionen unseres Universums die gleichen Eigenschaften besitzen. Sollte eine von ihnen geballt sein, wäre ihr Umfang in einer bestimmten Richtung unendlich klein. In diesem Fall könnten wir von ihrer Existenz nichts wissen, sie wäre einfach zu klein. Abgesehen von der submikroskopischen Ebene wären weiterhin nur die drei räumlichen Dimensionen und die Zeit von Bedeutung. Also konnten die Planeten in Kaluzas fünfdimensionalem Raum stabile Umlaufbahnen besitzen, und die zusätzliche Dimension würde die makroskopische Physik nicht weiter beeinflussen.

Einstein interessierte sich immerhin so weit für Kaluzas Arbeit, um sie etwas zu vertiefen. Er fand jedoch keinen Weg, sie zu bestätigen. Daher gab er seine Studien auf und widmete sich wieder der Vereinheitlichung seiner Allgemeinen Relativität. Die Vorstellung eines fünfdimensionalen Universums ließ ihn allerdings zeit seines Lebens nicht mehr los.

Die Welt der Quanten

Einstein stand der Quantenmechanik immer skeptisch gegenüber. Er stellte nicht in Abrede, dass man mit ihrer Hilfe Vorhersagen treffen konnte, die sich in späteren Versuchen mit bemerkenswerter Genauigkeit bestätigten. Auch die Welle-Teilchen-Dualität bereitete ihm kein Kopfzerbrechen. Er selbst hatte schließlich als erster angeregt, dass Licht die Eigenschaften von Teilchen *und* Wellen besitzen könnte. Was Einstein nicht gefiel, war die in der Theorie enthaltene Imponderabilität.

Mit Hilfe der Quantenmechanik kann man zum Beispiel das Phänomen Radioaktivität erklären. Sie erläutert präzise die Entstehung von Alpha-, Beta- und Gammastrahlung. Aber sie kann nicht vorhersagen, wann der Zerfall eintritt. Gemäß der Theorie wird dieser Moment vom Zufall bestimmt. Wir wissen nur, dass ein radioaktives Element irgendwann mit 50-prozentiger Sicherheit Alphastrahlung abgibt. In gleicher Weise kann man die Wellenlänge des Lichts vorhersagen, die ein Atom abgibt, aber nicht, wann es dies tut. Die Emission der Strahlung geschieht spontan.

Einstein versuchte sein Leben lang, die in der Quantenmechanik enthaltenen Widersprüche aufzuzeigen. Seine Wortgefechte mit dem dänischen Physiker Niels Bohr sind wohlbekannt. Einstein warf wiederholt Fragen auf, die das Gebäude Quantenmechanik zum Einsturz bringen sollten, doch Bohr fand immer die richtigen Antworten. Heute sieht man im Allgemeinen Bohr als Gewinner dieses Disputs an. Dennoch wich Einstein nicht von seiner Meinung ab. Die Maxime „Gott würfelt nicht" behielt er bis zum Ende seines Lebens bei.

Einer der Gründe, warum Einstein nach der einheitlichen Feldtheorie forschte, war seine Hoffnung, er könne dann auch die Unwägbarkeiten der Quantenmechanik auflösen. Eine einheitliche Feldtheorie sollte es ermöglichen, Quantenphänomene zu erklären und die Kausalität in der subatomaren Welt wiederherzustellen. Vom heutigen Standpunkt aus scheint dieser Anspruch doch etwas idealistisch, denn er nahm bereits die Grenzen der theoretischen Physik am Ende des 20. Jahrhunderts vorweg. Wie wir im letzten Kapitel noch sehen werden, suchen die Wissenschaftler auch heute wieder unter Einbeziehung zusätzlicher Dimensionen nach einer Vereinheitlichung der Elementarkräfte. Es gilt immer noch, eine Theorie zu finden, die Quantenphänomene hinreichend erklären kann. Im Gegensatz zu Einstein ist man aber nicht der Ansicht, dass dadurch wieder Determinismus herrschen wird. Man hofft jedoch, den Grund für die Existenz verschiedener subatomarer Teilchen und ihrer Eigenschaften zu erfahren.

Einstein starb 1955. Obwohl er über längere Zeit krank war, hatte er nie aufgehört, an seiner Feldtheorie zu arbeiten. Nach seinem Tod entdeckte man einige beschriebene Blätter Papier neben seinem Bett. Er hatte bis zuletzt nach der Lösung gesucht.

Kapitel 2
Die Jagd nach dem Quark

Ich habe Murray Gell-Mann vom California Institute of Technology nie kennen gelernt. Ich habe ihn jedoch einmal während einer Gedenkveranstaltung für den Physiker Richard Feynman gesehen. Gell-Mann war der erste Redner, er begann seine Ausführungen mit der Bemerkung, er habe Feynmans Lebensstil nie viel abgewinnen können. Erst dann kam er auf Feynmans Leistungen in der Physik zu sprechen.

Die Büros von Gell-Mann und Feynman lagen nebeneinander. Der extravagante Feynman hatte sich mit Gell-Mann nicht besonders gut verstanden, der für seine konservative Kleidung und Lebensführung bekannt war. Gell-Manns physikalische Beiträge waren jedoch alles andere als rückständig. Seine Innovationen auf dem Gebiet der Elementarteilchenphysik sorgten für eine solche Vielfalt von Teilchen, dass sie den Physikern bis heute viele Probleme bereitet.

Um seine Leistung besser einschätzen zu können, müssen wir noch einmal die Vergangenheit zu Rate ziehen. Stellen wir uns vor, wir hätten eine ganze Reihe unbekannter Objekte vor uns. Stellen wir uns weiter vor, dass einige der Objekte uns bekannt vorkommen, während andere keinerlei Rückschluss auf ihre Bedeutung zulassen. Wie würden Sie vorgehen, um in diesem Durcheinander Ordnung zu schaffen? Eine Möglichkeit wäre, nach Gemeinsamkeiten einzelner Objekte zu suchen, um sie zusammenfassen zu können. Das würde zwar nicht alle Fragen beantworten, aber es wäre immerhin ein Anfang.

Genauso ging man in der Wissenschaft auch mit den neu entdeckten Teilchen vor. Und nachdem man die Teilchen in

Gruppen zusammengefasst hatte, wurden die ersten Muster erkennbar. Der Grund dafür war zwar unklar, trotzdem war man damit einen Schritt weiter. Nun konnte man sogar die Existenz weiterer, bisher unentdeckter Teilchen vorhersagen. Genau das taten Gell-Mann und der Physiker Abraham Paris vom Institute for Advanced Study in Princeton, als sie 1954 erklärten, dass noch zwei weitere Teilchen existieren müssten, wenn die bisherige Klassifikation korrekt wäre. Diese Teilchen wurden 1956 und 1959 in Versuchsreihen nachgewiesen.

1961 gelang der nächste Schritt, als Gell-Mann und der israelische Physiker Yuval Ne'eman unabhängig voneinander ein Raster entwickelten, nach dem bestimmte schwere Teilchen wie Proton und Neutron in Subfamilien eingeteilt werden konnten. Gell-Mann nannte diese Ordnung den „achtfachen Weg", denn eine besonders wichtige Gruppe besaß acht Elemente, darunter Proton und Neutron. Er wollte damit nicht etwa andeuten, dass es zwischen der Kernphysik und fernöstlicher Philosophie ein Zusammenhang gibt („eightfold way" war auch Buddhas Bezeichnung für den Weg zur Erleuchtung). Er teilte nur die Vorliebe vieler Physiker für besonders blumige Umschreibungen wichtiger theoretischer Entwicklungen.

Als Nächstes musste man nun natürlich herausfinden, warum dieses spezielle Raster funktionieren sollte. Wenn die bekannten Teilchen sich in Achtergruppen, Zehnergruppen oder höher einteilen lassen, muss es dafür einen bestimmten Grund geben. Gell-Mann und der amerikanische Physiker Georg Zweig schlugen ebenfalls unabhängig voneinander ähnliche Lösungen vor. Das Raster würde funktionieren, wenn sich diese Teilchen aus noch kleineren Partikeln zusammensetzten, die Gell-Mann als *Quarks* bezeichnete. Zweig nannte sie *aces*, aber Gell-Manns Terminus setzte sich schließlich durch, weil er bis dahin einen größeren Bekanntheitsgrad erreicht hatte. Vielleicht lag es auch nur daran, dass der Begriff Quark *Finnegan's Wake* von James Joyce entstammte. Die meisten Physiker, die später damit arbeiteten, hatten das Buch vermutlich nie gelesen, aber irgendwie klang Quark ein bisschen poetischer als *ace*.

Anfangs bezweifelte die Fachwelt die Existenz von Quarks. Zum einen sollten sie Bruchteile von Ladungen besitzen, ein Umstand, der bisher noch nie bei einem Elementarteilchen festgestellt worden war. Die elektrischen Ladungen von Proton und Elektron werden mit +1 bzw. −1 bezeichnet. Es gibt auch Atome, die zwei überschüssige Elektronen besitzen und damit die Ladung −2, auch Ladungen von +2 existieren. Man hatte jedoch noch nie Ladungen wie 1/4, 1/2 oder 1/3 festgestellt. Wenn Gell-Manns und Zweigs Theorie stimmen sollte, mussten Quarks Ladungen wie 1/3 oder 2/3 besitzen (bzw. −1/3 oder −2/3). Gemäß dieser Theorie bestünde ein Proton aus zwei positiv geladenen Quarks mit Ladungen von +2/3 und einem dritten Quark mit der Ladung −1/3. Durch einfache Addition und Subtraktion (2/3 + 2/3 − 1/3) ergibt sich ein Wert von +1. Das elektrisch neutrale Neutron bestünde dagegen aus drei Quarks, deren Ladungen insgesamt null ergeben. Die Quarktheorie schien auch die Eigenschaften von Mesonen zu erklären, die nach ihr aus nur zwei Quarks bestünden. So merkwürdig die Idee auch war, man musste sie wohl doch ernst nehmen.

Aber waren diese Quarks real? Zunächst sahen die meisten Fachleute sie eher als praktische, rein mathematische Größen an. Ihre Ansicht schien sich zu bestätigen, als der Versuch, Quarks experimentell nachzuweisen, scheiterte. Man suchte nach den Quarks in kosmischer Strahlung, Gestein und sogar im Meerwasser. Obwohl sie über 20 Jahre andauerten, führten sämtliche Versuche zu negativen Ergebnissen.

Ein 1968 im Stanford Linear Accelerator Laboratory (SLAC) durchgeführtes Experiment erzielte aber ein positiveres Resultat. Protonen und sehr schnelle und energiereiche Elektronen wurden in einer drei Kilometer langen Röhre zur Kollision gebracht. Dabei wurden in den Protonen drei Punktladungen sichtbar. Dies entsprach exakt der Quarktheorie.

Ein anderes Problem wurde dadurch dennoch nicht gelöst. Wenn es Quarks wirklich gab, warum waren sie dann nicht als freie Quarks nachweisbar? Elektronen, Protonen und Neutronen, die üblichen Komponenten eines Atoms, sind auch als freie Teilchen zu finden. Wenn zum Beispiel ein Elektron genug Energie angesammelt hat, kann es die Kraft, die es an das Atom bindet, überwinden und driftet davon. Weshalb sollten Quarks sich anders verhalten?

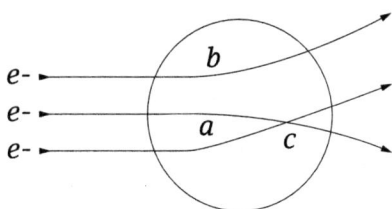

Abb. 5: Auf der Spur der Quarks. Wenn Elektronen auf sehr hohe Energieniveaus beschleunigt werden, können sie in Protonen oder Neutronen eindringen und „einen Blick hineinwerfen". Beim SLAC-Experiment schloss man aus den verschiedenen Ablenkungen der Elektronenbahnen, dass Proton und Neutron drei punktgleiche Partikel beinhalten. Damit war die Existenz der Quarks erstmals experimentell bewiesen worden.

Die Theoretiker machten sich also an die Arbeit und entwarfen eine These, nach der die Kraft zwischen Quarks mit höherer Distanz nicht ab-, sondern zunahm. Damit wären Quarks immer innerhalb von Neutronen oder anderen Teilchen gebunden. Selbst durch Zufuhr großer Mengen Energie könnte diese Bindung nicht aufgebrochen werden. Stattdessen entstünden neue Quarks, die genauso fest miteinander verbunden wären wie die ersten. Dass Quarks auf diese Weise entstehen können, folgt aus Einsteins berühmter Gleichung $E = mc^2$. Nach dieser Gleichung sind die Energie E und die Masse m zueinander äquivalent (das Quadrat der Lichtgeschwindigkeit c ist nur ein Umrechnungsfaktor). Da alle Materie, auch Quarks,

Masse besitzt, kann Energie zu Teilchen (= Masse) umgewandelt werden.

Damit war eine weitere Stufe genommen worden. Auch wenn man natürlich noch weit davon entfernt war, die subatomaren Vorgänge vollständig zu verstehen. Die Tatsache, dass man Quarks nicht voneinander trennen konnte, sagte nichts über die Art dieser Kraft oder ihre Wirkungsweise aus. Sicher war nur, dass sie anders funktionierte als Gravitation und Elektromagnetismus. Was die starke Kernkraft und die theoretischen Probleme des Verhaltens von Mesonen betraf, war man jedoch keinen Schritt weiter. Die starke Kraft musste eine sekundäre Manifestation der Kräfte sein, die zwischen den Quarks wirkte. Den mit der Berechnung der Kernkraft befassten Physikern standen jedoch weiterhin nur die lediglich teilweise korrekten Annäherungen zur Verfügung, die sie auch vorher bereits kannten.

QED

Manchmal gibt die Vergangenheit Aufschluss über die Gegenwart. Die Physik konnte den Elektromagnetismus sowie die Wechselwirkung zwischen Licht (also Photonen) und Materie erklären. Die so genannte Quantenelektrodynamik (QED) war über Jahrzehnte hinweg geprüft und verfeinert worden. Anfangs schien sie durchweg fehlerhaft zu sein. Die QED führte zu brauchbaren Ergebnissen, wenn man nur einen ersten Annäherungswert berechnete. Versuchte man jedoch, zu genaueren Ergebnissen zu kommen, gerieten die Gleichungen plötzlich aus den Fugen und zeitigten unmögliche Ergebnisse. So sollte die Masse eines Elektrons infolge der Theorie unendlich groß sein, was offensichtlich nicht der Wahrheit entspricht.

Im Jahr 1948 entwickelten die Amerikaner Richard Feynman und Julian Schwinger sowie der japanische Physiker Shin'ichiro Tomonaga unabhängig voneinander die so genannte *Renormie-*

rung (ich werde auf diesen Begriff später noch einmal zurückkommen), um die unendlich großen Zahlen aus der QED entfernen zu können. Die Methode war zwar mathematisch etwas
fragwürdig, aber sie funktionierte.* Sie funktionierte sogar ausgezeichnet. Einige Vorhersagen, die mittels QED getroffen wurden, haben sich experimentell mit einer Genauigkeit auf zehn
Dezimalstellen bestätigt. Feymans Verfahrensweise wird heute
übrigens am häufigsten angewendet, weil die Methoden der
anderen sich zwar als mathematisch gleichwertig erwiesen, in
ihrer Anwendung jedoch schwieriger und unbequemer waren.

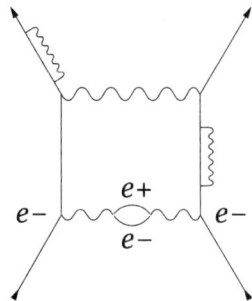

*Abb. 6: Ein Feynman-Diagramm. Theoretisch sind unendlich viele ver-
schiedene Feynman-Diagramme denkbar, und manche von ihnen sind
äußerst kompliziert. Dieses hier zeigt eine mögliche Abstoßung zweier
Elektronen. Zu beachten ist, dass ein Elektron auch die Photonen absor-
bieren kann, die es selbst abgegeben hat. Es muss nicht unbedingt ein
Austausch stattfinden. Auf seinem Weg von einem Elektron zu einem anderen kann ein Photon zeitweise auch als Elektron-Positron-Paar in Erscheinung treten. Auch kompliziertere Möglichkeiten sind denkbar.*

Nach der Renormierung der QED kam es zu der folgenden
Situation: Die Physik verfügte über eine Gravitationstheorie
und Einsteins Allgemeine Relativitätstheorie. Ferner gab es ei-

---

* Als Feynman später gefragt wurde, wofür er den Nobelpreis bekommen
habe, antwortete er: „Dafür, dass ich ein paar Unendlichkeiten unter den
Teppich gekehrt habe."

ne anwendungsfähige Theorie des Elektromagnetismus. Die starke und schwache Kernkraft war jedoch immer noch nur zum Teil verstanden worden. Die schwache Kraft konnte mit Hilfe von Fermis Theorie zwar ungefähr beschrieben werden, war aber nur teilweise korrekt. In manchen Fällen führte sie zu den richtigen Ergebnissen, in anderen Fällen nicht. Das Wesen der starken Kernkraft (der Terminus starke Kraft kann sowohl die Kraft zwischen Nukleonen als auch die elementare Kraft zwischen Quarks bezeichnen) lag nach wie vor vollkommen im Dunkeln. Auf die Fachwelt wartete noch eine Menge theoretische und experimentelle Arbeit.

Im Jahr 1967 entwickelten die Physiker Steve Weinberg aus den USA und Abdus Salam aus Pakistan wiederum unabhängig voneinander eine Theorie zur Erklärung der schwachen und der elektromagnetischen Kraft. Diese Theorie erklärte nicht nur erfolgreich die schwache Kraft, sondern war auch ein erster Schritt hin zur Vereinheitlichung aller vier Kräfte. Auch in der so genannten elektroschwachen Theorie tauchten anfangs wie in der QED unendlich große Zahlen auf. 1971 gelang dem niederländischen Physiker Gerhard 't Hooft endlich ihre Renormierung.

1983 glückte außerdem der experimentelle Nachweis dreier weiterer Teilchen, deren Existenz vorhergesagt worden war. Sie erhielten die Bezeichnungen W und Z (wobei die W-Teilchen sowohl positiv oder negativ geladen sein konnten, während die Z-Teilchen immer neutral waren). Die Fachwelt jubelte. Man war Einsteins Traum, die vier Kräfte zu vereinheitlichen, einen großen Schritt näher gekommen.

In den 70er Jahren arbeiteten Physiker außerdem an der Quantenchromodynamik (QCD), die die Kräfte zwischen den Quarks beschreibt. Während der Elektromagnetismus von zwei verschiedenen Ladungen (positiv und negativ) bestimmt wird, muss es bei den Quarks drei verschiedene Ladungen geben. Diese drei verschiedenen Ladungen erhielten die Namen Rot, Grün und Blau. Man darf diese Bezeichnungen natürlich nicht wörtlich nehmen. Quarks sind viel kleiner als die Wellenlänge des Lichts, haben also keine Farbe. Rot, Grün und Blau sind einfach nur Namen. Man hätte sie genauso gut Fred, Wilhelm und Andrea oder Waschsalon, Pizzeria und Strandcafé nennen können. Aber die Farben sind in einer Hinsicht etwas passender. Wenn man die drei Primärfarben mischt, entsteht weißes Licht. Wenn man die drei Farbladungen der Quarks addiert, erhält man die „Gesamtfarbe" Null. Das Proton enthält zum Beispiel drei Quarks unterschiedlicher „Farbe" und wird als *farblos* bezeichnet, ähnlich wie sich in einem elektrisch neutralen Atom die positiven und negativen Ladungen gegenseitig aufheben.

Die Kräfte, die zwischen den Quarks wirken, werden durch den Austausch von so genannten Gluonen erzeugt. Sie spielen dieselbe Rolle wie Photonen und W- beziehungsweise Z-Teilchen. Wie die Quarks besitzen Gluonen „Farbe". Die starke Kraft (der Name bezieht sich auf die Kräfte zwischen Quarks, aber auch auf die zwischen Elementarteilchen) ist daher etwas komplizierter als die elektroschwache Kraft. Dennoch, auch wenn die Berechnungen oft sehr schwierig sind, kann man sie durchführen und die Ergebnisse experimentell bestätigen. Die QCD hat sich etabliert.

Sechs verschiedene Arten von Quarks sind bis heute experimentell nachgewiesen worden. Sie heißen *up, down, strange, charmed, bottom* und *top*. Nur die Sorten up und down sind in normaler Materie enthalten, man findet sie in Protonen und Neutronen. Keines von ihnen existiert als freies Quark. Es gibt jedoch Möglichkeiten, zu bestimmen, ob ein Teilchen etwa charmed- oder bottom-Quarks enthält.

Jedes Quark kann in allen drei Farben existieren, insgesamt sind also 18 Variationen möglich. Quarks sind die grundlegenden Bausteine aller schweren Teilchen (wie Protonen und Neutronen), die es gibt. Ferner existieren zwei dem Elektron ähnliche Teilchen mit den Namen Muon und Tauon. Beide besitzen weit mehr Masse als das Elektron. Nur das Elektron ist jedoch Bestandteil normaler Materie. Seine „Verwandten" konnten trotzdem schon vielfach experimentell bewiesen werden. Das Muon-Neutrino (das in Versuchen nachgewiesen werden kann, an denen Muonen beteiligt sind) unterscheidet sich sowohl von dem bekannteren Elektron-Neutrino als auch vom Tauon-Neutrino. Alle sechs Teilchen sind unter der Gruppe Leptone zusammengefasst.

Es gibt also zwölf grundlegende Bausteine der Materie: sechs Quarks und sechs Leptone. Teilchen wie etwa das Positron werden im Allgemeinen nicht gesondert betrachtet. Das Positron ist dem Elektron sehr ähnlich, es besitzt zum Beispiel die gleiche Masse. Der wichtigste Unterschied zwischen den beiden ist die positive Ladung des Positrons. Auch die Quarks werden nicht noch einmal nach Farben geordnet. Ein rotes Quark verhält sich genauso wie sein grünes Gegenstück. Auch hier liegt der Unterschied einzig in der Art der Ladung.

Photonen, Gluonen sowie W- und Z-Teilchen sind keine Bestandteile der Materie. Sie sind Kraftteilchen. Das Photon unterscheidet sich von den anderen beiden dadurch, dass es sich in Form von Licht manifestieren kann. Es ist also möglich, eine der natürlichen Kräfte mit bloßem Auge zu sehen. Kraftteilchen verhalten sich etwas anders als Materieteilchen. Sie lassen sich zum Beispiel „zusammenpressen", was mit Materie nicht möglich ist. Deshalb kann Licht in unterschiedlicher Intensität auftreten. Ein intensiver Lichtstrahl besteht aus mehr Photonen als ein schwacher, nimmt aber dasselbe Volumen ein. Bei Materieteilchen funktioniert das nicht. Man kann einen Tisch nicht mit einem anderen überlagern, um einen doppelt so schweren Tisch zu erhalten, oder Protonen und Neutronen enger packen, um einen dichteren Atomkern zu erhalten.

QED, QCD, die elektroschwache Theorie und die bekannten Teilchen bilden zusammen die heutige Elementarteilchenphysik. Tausende von Versuchsreihen auf der ganzen Welt haben ihre Gültigkeit bestätigt. Einige Experimente lassen vermuten, dass sie vielleicht nicht 100-prozentig korrekt ist, aber diese Experimente können auf unterschiedliche Weise interpretiert werden. Im Moment kann man jedenfalls mit Fug und Recht behaupten, dass unser Modell gültig ist.

Trotzdem versucht man bereits jetzt, dieses Standardmodell zu erweitern, da es nicht alle Fragen zu beantworten imstande ist. Wenn man Elektromagnetismus und schwache Kraft vereinheitlichen kann, müsste es insbesondere doch möglich sein, eine Theorie zu entwickeln, die alle vier Naturkräfte umfasst. Es besteht die Hoffnung, dass eine allgemeine Vereinheitlichung zu einem tieferen Verständnis von Kraft und Materie führt und so ganz neue Entdeckungen initiiert, so wie es Maxwells Vereinheitlichung von Elektrizität und Magnetismus vor über hundert Jahren getan hat.

Guts und Supergravitation

Nachdem die Entwicklung der elektroschwachen Theorie gelungen war, musste der nächste Schritt offensichtlich eine Theorie sein, die Elektromagnetismus, schwache und starke Kraft zusammenfasst. Die Gravitation ließ man vorerst außer Acht, da sie nach Newtons Abstandsgleichungen zwar eher simpel erscheint, bei Einsteins Allgemeiner Relativitätstheorie sich aber zu einem äußerst komplizierten Phänomen auswächst. Sie kennt Eigenheiten, die sie von allen anderen Kräften unterscheidet. So entsteht sie zum Beispiel nicht nur durch die Anwesenheit massiver Körper, sondern auch durch das Schwerkraftfeld selbst. Nach Einsteins Theorie gravitiert die Gravitation sozusagen selbst. Auch das Vorhandensein von Druck verändert die Schwerkraft. Aufgrund dieser Komplikationen kann die Schwerkraft nicht renormiert werden. Die Allgemeine Relativität lässt sich mit der QED oder QCD einfach nicht vereinbaren.

Also suchte man vorerst nach einer Möglichkeit, drei Kräfte zu vereinheitlichen. Man wähnte, im Erfolgsfall auch noch einen Weg zu finden, die Gravitation mit einzuschließen.

Dann aber schoss man sogar darüber hinaus. Es wurden nämlich so viele Theorien entwickelt, dass schließlich niemand mehr wusste, ob und welche davon der Wahrheit wohl am nächsten käme.

Diese Theorien bezeichnet man als Große Vereinheitlichte Theorien oder *Guts* (grand unified theories). Im Sinne von Voltaires Bemerkung über das Heilige Römische Reich, das seiner Meinung nach weder heilig noch römisch, geschweige denn ein Reich war, kann man sagen, dass diese Theorien weder grand noch unified sind (schließlich tauchte die Gravitation überhaupt nicht in ihnen auf). Im Übrigen hat sich keine von ihnen durchgesetzt.

Hinsichtlich des Wesens von Kraft und Materie besitzen die Guts allerdings eine gewisse Aussagekraft. Viele Theorien haben sich unter bestimmten Bedingungen als korrekt und unter anderen Bedingungen als völlig falsch erwiesen. Fermis Theorie der schwachen Kraft und Yukawas Mesonentheorie sind nur zwei von vielen Beispielen. Die Guts haben zwar zu einigen nicht beweisbaren Vorhersagen geführt, aber auch zu Antworten auf Fragen wie die nach der relativen Abwesenheit von Antimaterie* im Universum.

Als deutlich wurde, dass die Guts nur einen begrenzten Nutzen haben, wandten sich die Physiker wieder einer von Einsteins Ideen zu. Sie nahmen sich noch einmal der Theorien an, in denen die Zahl der Raumzeitdimensionen größer war als vier. Allerdings geschah dies nicht sofort. Der fünfdimensio-

---

* Ich habe das Thema Antimaterie bisher noch nicht angesprochen, deshalb ist eine Randbemerkung hier wohl angebracht. Zu jedem Elementarteilchen gibt es ein Gegenstück, das so genannte Antiteilchen. Das Positron ist zum Beispiel das Antiteilchen des Elektrons. Daher ist Materie denkbar, in der Positronen Atomkerne umkreisen, die aus Antiprotonen und neutralen Antineutronen bestehen (es gibt tatsächlich Antineutronen, obwohl sie elektrisch ebenso neutral sind wie Neutronen selbst). Antimaterie ist bisher noch nie beobachtet worden, aber die Guts liefern dafür eine plausible Erklärung.

nale Raum von Kaluza und Klein war inzwischen vergessen, und Einstein hatte sich in den letzten Lebensjahren so sehr von seinen Kollegen zurückgezogen, dass seinen eine zusätzliche Dimension einschließenden Überlegungen nur wenig Beachtung geschenkt worden war. Jetzt begann man zu begreifen, dass genau darin der Schlüssel zu den Problemen liegen konnte.

Im Lauf der 70er Jahre wurde von mehreren Wissenschaftlern die erste multidimensionale Theorie entwickelt. Man nannte sie Supergravitation. Sie basierte auf der Supersymmetrie (spaßhaft auch SUSY genannt), einer neuen, umfassenderen Methode, subatomare Teilchen in Gruppen einzuteilen. Dieses Konzept schien anfangs durchaus vielversprechend. Sollte sich die Supersymmetrie tatsächlich als Naturgesetz erweisen, konnte man die Schwerkraft doch noch renormieren. Leider schlugen aber alle Versuche, eine anwendbare Theorie der Supergravitation zu finden, letztendlich fehl. Die Supergravitation sah die Existenz weiterer, bisher unbekannter Teilchen voraus. Das war jedoch kein Grund zur Sorge, denn heutzutage werden die meisten Entdeckungen von der Theorie vorhergesagt. Die Technik ist inzwischen so kompliziert geworden, dass man als Physiker genau wissen muss, wonach man sucht, bevor man überhaupt anfängt, zu experimentieren. Das Problem war, dass einige der bereits entdeckten Teilchen nach der Supergravitation gar nicht existierten.

Alles deutet darauf hin, dass auch die Supergravitation zu den zahlreichen Theorien gehört, die eben nur unter bestimmten Bedingungen gelten. Viele Physiker glauben weiterhin daran, dass die angekündigten Teilchen tatsächlich noch entdeckt werden, denn selbst wenn sich die Supergravitation nicht als funktionierende Theorie erweisen sollte, könnte die Supersymmetrie dennoch ein Naturgesetz sein. Aber man muss heute wohl akzeptieren, dass auch mit Hilfe der Supergravitation die Vereinheitlichung der Kräfte nicht erreicht werden kann.

Kapitel 3
Superstrings und andere Kleinigkeiten

In der QED sieht man das Elektron als Teilchen an, dass keine Oberfläche besitzt. Natürlich weiß man, dass es so etwas eigentlich nicht geben kann, aber man hat bisher keine andere Lösung für das Problem. Alle Versuche haben die Situation bisher nur verschlechtert. Man kann ein Elektron nicht als Festkörper ansehen, da ein solcher Körper Signale mit Überlichtgeschwindigkeit weiterleiten würde. Das aber widerspräche Einsteins Allgemeiner Relativitätstheorie. Wenn man einen solchen Körper auf einer Seite anstoßen würde, käme dieser Impuls ohne Zeitverzögerung auf der anderen Seite an. Damit wäre er unendlich schnell. Wenn ein Elektron mit einer bestimmten Oberfläche aber nicht fest wäre, würde es auseinanderbrechen. Ein solcher Vorgang ist bisher noch nie beobachtet worden. Im täglichen Leben verhalten sich etwa Golfbälle und Billardkugeln genau deshalb so, wie sie es tun, weil sie beim Schlagen oder Stoßen kleine Deformationen erfahren.

Betrachtet man das Elektron als unendlich kleines Teilchen, tauchen in der QED unendlich große Zahlen auf. Versucht man etwa, die Masse oder die Ladung zu berechnen, erhält man jedes Mal den Wert unendlich. Da dies aber offensichtlich nicht stimmt, muss man versuchen, diesem Ergebnis auszuweichen. Genau das gelingt mit Hilfe der Renormierung. Sie ist allerdings mathematisch gesehen nicht ganz unbedenklich. Normalerweise schließt man in der Physik dann einzelne Faktoren aus, wenn sie so klein sind, dass man sie vernachlässigen kann, nicht aber, weil sie unendlich groß sind und man sie deshalb nicht haben will.

Das Standardmodell, bestehend aus QED, QCD und der elektroschwachen Theorie, hat sich bis jetzt gut bewährt. Es ist jedoch nicht der Weisheit letzter Schluss. Einerseits ist es auf die Renormierung angewiesen, andererseits kann man damit nicht einmal erklären, warum einzelne Teilchen bestimmte Ladungen besitzen. Sie erklärt weder die Existenz von sechs Quarks und sechs Leptonen noch die Intensität der vier Kräfte. Die starke Kraft ist im Allgemeinen etwa 100-mal größer als die elektromagnetische. Warum beträgt der Faktor gerade 100 und nicht 4 oder 25 oder 1 000 000?

Theoretisches Niemandsland

Als die Supergravitation aufkam, bestand unter Wissenschaftlern die Hoffnung, nun endlich einige Antworten auf diese Fragen zu bekommen. Leider war die Supergravitation keine allzu große Hilfe. Also wurde weiter nach Alternativen geforscht. Dabei fiel plötzlich auf, dass einige Physiker, die bis dahin eher im Trüben der theoretischen Physik zu fischen schienen, auf eine Lösung gestoßen waren.

Diese Physiker hatten an Theorien gearbeitet, in denen Elementarteilchen – sowohl Kraft- als auch Materieteilchen – als winzige, schwingende *Loops* (Schleifen) angesehen wurden. Anfangs schenkte man ihnen nur wenig Beachtung. Diese Theorien erforderten immerhin Räume mit bis zu 26 Dimensionen, ohne dass sie erklärten, weshalb man diese zusätzlichen Dimensionen nicht nachweisen konnte. Außerdem enthielten sie einige Widersprüche. Das Interesse an diesen Stringtheorien flammte kurz auf und verlosch bald wieder.

Im Jahr 1974 zeigten dann der Franzose Joel Scherk und John H. Schwarz vom California Institute of Technology, dass die große Anzahl von Dimensionen in den Stringtheorien kein Nachteil, sondern sogar ein Vorteil war. Wenn man sich die Strings als winzige Objekte mit nur 10^{-33} Zentimetern Durchmesser* vorstellte, konnte man mit ihrer Hilfe sogar die Gravitation mit den anderen drei Kräften zusammenführen.

Diese Entdeckung erregte jedoch kein großes Aufsehen. Schließlich funktionierte das Standardmodell ausgezeichnet. Man hielt es für klüger, weiter an den Quarks zu forschen als sich solch eher esoterischen Ideen hinzugeben. Ende der 70er Jahre sprach daher praktisch niemand mehr von Strings.

Daran änderte sich bis 1984 nichts. Dann bewiesen Schwarz und Michael Green vom Queen Mary College in London, dass man die mathematischen Unregelmäßigkeiten der Stringtheorie ausräumen konnte, wenn man sie mit der Supersymmetrie – der neuesten Methode, die Elementarteilchen zu kategorisieren – kombinierte. So entstand die Theorie der Superstrings (Kurzform von supersymmetry strings). Nur wenige Jahre später war sie zum Zentrum der theoretischen Physik avanciert.

Die Theorie der Superstrings konnte frühere Schwierigkeiten überwinden, indem sie Elementarteilchen nicht als mathematische Punkte, sondern als schwingende Loops ansah. Damit war der Superstring jetzt das Bauteil, nicht mehr das einzelne Teilchen. Die Differenzen der Teilchen entstanden nur durch unterschiedliche Vibrationen der Strings, etwa so, wie man einer Violinsaite je nach Schwingungsgeschwindigkeit verschiedene Tonhöhen entlocken kann. Mit Hilfe dieses Modells ließ sich auch die Wechselwirkung der Teilchen erklären. Anstatt zu versuchen, Reaktionen von dimensionslosen Objekten auf den Grund zu gehen, sprach man nun von zwei Loops, die zusammen einen dritten, *größeren* Loop bilden konnten. Umgekehrt konnte ein Loop in mehrere kleinere Loops zerfallen, etwa ein Neutron zu einem Proton, einem Elektron und einem Neutrino.

---

* Wir erinnern uns, dass die Zahl 10^{-33} einer 1 geteilt durch 10^{33} entspricht. Strings sind also 10^{20} (100 Billiarden) Mal kleiner als ein Atomkern mit 10^{-13} Zentimetern Durchmesser.

Einige Fachleute bremsten die aufbrandende Euphorie. Die Theorie der Superstrings war zwar vielversprechend, brachte aber wenige neue Ergebnisse. Bald erkannte man, dass sich zwar sehr viele verschiedene Formeln aufstellen ließen, aber nur fünf grundlegende Theorien de facto nutzbar waren. Die zusätzlichen Dimensionen machten die Theorie im Übrigen äußerst komplex, denn es wurde schnell deutlich, dass sie auf viele komplizierte Arten miteinander verschränkt sein konnten.

Außerdem war die Superstring-Theorie zwar interessant, aber man wusste nicht recht, wie man mit ihr die Existenz der bisher bekannten Teilchen rechtfertigen sollte. Zum jetzigen Zeitpunkt kann man nicht mehr tun, als Quarks und Leptonen nach qualitativen Merkmalen zu unterscheiden. Das reicht jedoch für eine erfolgreiche Theorie nicht aus. Man muss Zahlen in eine Formel einsetzen können und damit verwendbare Ergebnisse erzielen. Newtons Gravitationstheorie wäre auch nicht viel wert, wenn man mit ihr nicht einmal die Umlaufbahnen der Planeten berechnen könnte.

Hinzu kam das Problem, dass die Superstrings so winzig waren. Je kleiner ein Objekt ist, desto mehr Energie muss man aufwenden, um es beobachten bzw. nachweisen zu können. Denken Sie daran, dass man einen Beschleuniger von drei Kilometern Länge benötigt hatte, um Elektronen stark genug mit Energie anzureichern, sodass man in Protonen „hineinsehen" und die Existenz von Quarks nachweisen konnte. Bei den Superstrings war die Sachlage noch viel komplizierter. Berechnungen zufolge wäre selbst ein Beschleuniger von der Größe unserer Galaxie nicht in der Lage, Superstrings sichtbar werden zu lassen.

Man war in der Physik hinsichtlich der Brauchbarkeit der Superstrings geteilter Meinung. Edward Witten vom Institute of Advanced Study nannte die Superstring-Theorie „Physik des 21. Jahrhunderts, die aus Versehen schon im 20. Jahrhundert entdeckt wurde". Andere sprachen von der „einzigen echten Herausforderung". Andererseits disqualifizierte Richard

Feynman die Superstring-Theorie schlicht als „Blödsinn", und der Nobelpreisträger Sheldon Glashow fühlte sich an „mittelalterliche Theologie" erinnert. Schließlich, so führte er weiter aus, wäre die Superstring-Theorie zwar ganz schön, aber nicht in die Praxis umzusetzen.

Damit hatte Glashows sich zwar abschätzig geäußert, aber einen wichtigen Punkt angesprochen. Noch zu Beginn des 20. Jahrhunderts führten Wissenschaftler Versuche durch, um hinterher die Ergebnisse auszuwerten. Gegen Mitte des Jahrhunderts begann man, die Existenz einzelner Elemente vorherzusagen und sie dann durch Experimente zu verifizieren. Am Ende des 20. Jahrhunderts war die Theorie der Praxis so weit vorausgeeilt, dass man bereits mit Entitäten rechnete, die niemals durch Versuche bestätigt werden können. Tatsächlich hat die Superstring-Theorie und ihr Nachfolger, die *Membrantheorie* (auf sie komme ich noch zu sprechen), bis jetzt kein einziges Ergebnis erbracht, dass experimentell bestätigt werden konnte. Deshalb sprach Glashow von „mittelalterlicher Theologie". Seiner Meinung nach hatten einige Theoretiker längst jeden Bezug zur Realität verloren.

Die Befürworter der Superstrings sind natürlich anderer Ansicht. Sie glauben, dass die Superstring-Theorie der einzige Weg sei, um das Universum vollständig erklären zu können. An dem Standardmodell, das zweifellos brauchbare Ergebnisse hervorbringt, aber doch „ziemlich hässlich" ist, haben sie kein Interesse mehr. Dieses Standardmodell sei schließlich nur Stückwerk, das für die Erklärung der Welt unzureichend sei.

Das Ende der Physik?

Die Superstring-Theorie veranlasste manche durchaus ernst zu nehmende Physiker zu glauben, ihre Wissenschaft stünde vor dem Aus. Zumindest gaben einige von ihnen dies zu bedenken und dämpften den Übermut ihrer Kollegen. Dahinter

steckt die Überzeugung, dass eine Theorie, die alle vier Naturkräfte vereinheitlichen kann, imstande sein muss, *alles* zu erklären. Die gesamte Physik ließe sich also auf diese Theorie
reduzieren. Man wüsste, warum die Elementarteilchen existieren, warum sie bestimmte Eigenschaften besitzen, wie sich
die Raumzeit zusammensetzt und sogar, wie das Universum
entstanden ist.

Natürlich würde das nicht bedeuten, dass man keine Physiker mehr benötigte. Es gäbe immer noch viel zu tun. Schließlich würde es Jahrzehnte dauern, bis man alle Implikationen
einer solchen Theorie ausgelotet hätte. Und auch dann hätte
die Wissenschaft noch viel zu tun. Die Entwicklung einer Theorie, die die Welt erklärt, ist schließlich erst der Anfang. Man
wird ja auch kein Schachgroßmeister, wenn man gerade erst
die Regeln des Spiels gelernt hat.

So oder so, wenn man eine solche Theorie entwickeln könnte, wäre all das möglich. Aber wenn das Wörtchen wenn nicht
wär'... Die theoretische Physik besteht im Wesentlichen
aus Konjunktiven. Newtons Gravitationsgesetz beschreibt die
Schwerkraft nur unter bestimmten Bedingungen. Solange die
Schwerkraft in einem gewissen Bereich bleibt, funktioniert sie
ausgezeichnet. Jeder Astronom würde auf Newtons Gesetze
zurückgreifen, um etwa die Umlaufbahn eines Kometen zu berechnen. Die Verwendung der Allgemeinen Relativität ergäbe
so kleine Abweichungen, dass man sie getrost vernachlässigen
kann. Unter bestimmten Umständen taugt Newtons Gesetz
jedoch nicht mehr, stattdessen muss man nun auf die Relativität zurückgreifen. Aber auch die Allgemeine Relativität hat
ihre Grenzen. Sie kann zum Beispiel nicht die Vorgänge innerhalb der Raumzeit auf der Ebene der Superstrings (10^{-33} cm) beschreiben oder erklären, was geschah, als das Universum entstand.

Es ist also durchaus möglich, dass auch eine einheitliche
Theorie, sei es nun die der Superstrings oder eine andere, sich
als Annäherung erweist. Eine Universaltheorie wird vielleicht

nie entdeckt. Man kann die Physik mit einer Zwiebel vergleichen. Jedesmal, wenn es gelingt, eine Schicht abzuschälen, stößt man eventuell auf weitere Schichten.

Kann man das Universum wirklich durch einen Satz von Formeln ausdrücken? Der hoch angesehene John Archibald Wheeler, früher ein Kommilitone von Bohr und Feynman, ist anderer Meinung: „Ich kann nicht glauben, dass es wirklich irgendeine magische *Formel* gibt (seine Hervorhebung)." Bis jetzt kann natürlich auch nicht das Gegenteil bewiesen werden. Allerdings gibt es sogar Vertreter der Superstring-Theorie, die seiner Auffassung sind. Im Gegensatz zu ihren Kollegen sagen sie, dass man keineswegs davon ausgehen kann, dass die Superstrings wirklich zu der gesuchten Universaltheorie führen.

Ich habe die Superstring-Theorie bis jetzt nur allgemein angesprochen, ohne die Streitpunkte, die im Moment Hauptgegenstand der Diskussion sind, näher zu erläutern (auf sie werde ich später noch kommen). Schließlich schreitet die Arbeit im Grenzgebiet der Physik ständig fort, und ich wollte kein Buch auf den Markt bringen, das schon auf dem Ladentisch veraltet ist. Aber ich glaube, ich gehe kein Risiko ein, wenn ich hier ein paar Argumente anführe, die dafür sprechen, dass man noch lange nach der Universaltheorie suchen wird.

Zwei Argumente bilden die mathematische Komplexität und die zahllosen verschiedenen denkbaren Möglichkeiten. Selbst die größten Optimisten unter den Physikern geben zu, dass es Jahrzehnte dauern kann, bis man die richtige Theorie gefunden und all ihre „Nebenwirkungen" überprüft hat.

Ein weiteres Argument liegt im Wesen der Superstring-Theorie selbst und im Umgang mit ihr begründet. Wie bereits erwähnt, ist die Theorie am Ende des 20. Jahrhunderts der Praxis weit vorausgeeilt, also kann es noch sehr lange Zeit dauern, bis man mit Sicherheit sagen kann, ob die Superstring-Theorie die Vorgänge in der Natur wirklich richtig erklärt.

In letzter Zeit gaben einige Wissenschaftler vor, Wege gefunden zu haben, um die Superstring-Theorie auf ihre Tauglichkeit hin zu überprüfen. Wenn die zusammengeballten Dimensionen zum Beispiel etwas größer wären, als die Fachwelt bisher angenommen hat, könnte man sie vielleicht nachweisen. Es könnte sein, dass einzelne Teilchen ab und zu in eine dieser Dimensionen springen und dort ihr Unwesen treiben. Während ich dies schreibe, weiß aber niemand, wie man diese Ideen umsetzen könnte.

Sollte sich die Superstring-Theorie eines Tages als falsch erweisen, würde das nicht unbedingt bedeuten, dass Jahrzehnte theoretischer Arbeit umsonst gewesen sind. Auch Theorien, die widerlegt werden, können uns manchmal einen Schritt weiterbringen. Wenn man als Wissenschaftler herausfindet, das etwas nicht funktioniert, kann dieses Ergebnis trotzdem neue Möglichkeiten eröffnen. Und wie wir schon gesehen haben, kann man auch aus Theorien viel lernen, die nur unter bestimmten Bedingungen brauchbar sind. Dazu zählen unter anderem Yukawas Mesonentheorie, Fermis Theorie der schwachen Kraft und die Großen Vereinheitlichten Theorien (GUTS).

Kräfte und Elemente

In der modernen Physik sind die Kräfte (Physiker sprechen im Allgemeinen von Interaktion) das Wichtigste. Kraft- und Materieteilchen werden als manifestierte Kraftfelder angesehen, die sich im Raum verteilen. Die Wissenschaftler, die sich mit der Superstring-Theorie befassen, wissen jedoch nicht, wie diese Felder geartet sind. Sie müssen mit den Superstrings selbst arbeiten, die aber Teilchen sind. Deshalb sind sie zum Beispiel nicht in der Lage, auch nur die Masse oder Ladung eines Elektrons zu bestimmen. Man hat also bisher nur die Spitze eines mutmaßlich riesigen Eisbergs entdeckt.[*]

---

[*] In der Wissenschaft wurden solche Metaphern schon häufig verwendet, u. a. auch von Albert Einstein.

Trotzdem ist dieser Anfang durchaus vielversprechend. Beispielsweise könnte die Dimensionalität der Raumzeit nicht die essenzielle Bedeutung haben, die ihr bisher zugesprochen wurde. Es gibt Wissenschaftler, die über Objekte forschen, die in einer Raumzeit mit mehr als zehn Dimensionen existieren könnten. Diese Forschungen zeitigten ähnlich fundamentale Konsequenzen wie die Theorie der Superstrings. Einige Physiker arbeiten sogar mit einem Modell, das zwölf Dimensionen, davon zwei zeitliche, anbietet. Die Auswirkungen einer zweiten zeitlichen Dimension sind nicht abzusehen, ihre Existenz folgt jedoch aus der Mathematik. Aber das ist nicht das einzige merkwürdige Ergebnis. Man hat auch herausgefunden, dass sehr kleine und sehr große Distanzen innerhalb der Superstring-Theorie äquivalent sein können. Das Verhalten eines winzigen Objekts in zehn- oder elfdimensionaler Raumzeit kann dem des gesamten Universums entsprechen. Allerdings sind nicht alle Entdeckungen so seltsam oder überraschend. So hält man inzwischen für möglich, dass die fünf grundlegenden Superstring-Theorien bloß verschiedene Aspekte einer einzigen, noch fundamentaleren Formel darstellen. Ferner scheint es Zusammenhänge zwischen Superstring und Supergravitation zu geben. Das würde auch erklären, warum man aus ihr einige Schlüsse ziehen konnte, die teilweise korrekt waren.

Je mehr Entdeckungen in der theoretischen Physik gemacht werden, desto mehr unbekannte Variablen kommen zum Vorschein. Hier wurde das Tor zu einer neuen Welt aufgestoßen, die man bisher nur ansatzweise verstanden hat.

Membrane

1962 entwickelte der englische Physiker P. A. M.[*] Dirac, einer der Begründer der QED, eine Theorie, in der das Elektron nicht als mathematischer Punkt, sondern als winziges Bläschen mit definierbarer Oberfläche angesehen wurde. Schwingungen dieser Bläschen sollten die Existenz solcher dem Elektron ähnlichen Teilchen wie dem Muon erklären. Diracs Theorie konnte sich nicht durchsetzen, führte aber zu einem neuen Forschungszweig. Heute beschäftigt man sich mit den Eigenschaften von zwei- oder mehrdimensionalen Objekten, die sich in einer multidimensionalen Raumzeit befinden. Diese Objekte werden *branes* genannt.

Ein Superstring ist ein eindimensionales Objekt. Es kann sich in einer multidimensionalen Umgebung zwar verbiegen und verdrehen, wird aber dennoch als Gerade wahrgenommen. Auf der Grundlage der Euklidischen Geometrie, wie sie in der Oberstufe gelehrt wird, hat eine Gerade wie ein Punkt (der gar keine Dimensionen besitzt) keine Oberfläche. Ein String ist also eindimensional, während alle Oberflächen zwei Dimensionen aufweisen. Das gilt für mathematische Flächen wie auch für Hohlkugeln und Diracs Bläschen.

Die mit der Superstring-Theorie beschäftigten Physiker haben also berechnet, dass ähnliche zweidimensionale Objekte innerhalb einer Raumzeit mit elf Dimensionen existieren könnten. Da diese nicht unbedingt kollabieren, wie es Diracs Bläschen und Sphären tun, nennt man sie Membrane. Auch branes mit mehr als zwei Dimensionen sind denkbar. Ich werde auf sie aber nicht genauer eingehen, da ihr Verhalten dem von Membranen ähnelt. Erwähnt werden sollte hier nur noch ein Objekt, das theoretisch von besonderem Interesse ist: das fünf-

---

[*] Die Initialen stehen für Paul Adrien Maurice. Dirac verwendete aber selbst fast immer die Abkürzung, sodass nicht einmal die engsten Mitarbeiter seinen richtigen Namen kannten.

brane, das zwei Dimensionen mehr besitzt als ein normaler dreidimensionaler Festkörper.

Zwischen branes und Superstrings scheint ein tief greifender Zusammenhang zu bestehen. Verständlich wird er, wenn man sich eine Membran vorstellt, die um ein zu einem Zylinder gerolltes Stück Papier gewickelt ist. Je enger man das Papier zusammenrollt, desto kleiner wird der Durchmesser des Zylinders, bis er schließlich auf null sinkt. Dasselbe Bild kann man für die Erklärung der zusätzlichen Dimension in der Kaluza-Klein-Theorie verwenden.

Natürlich weiß man über Membrane nicht so viel wie über Superstrings, also wäre es vielleicht ein Fehler, sie allzu genau erklären zu wollen. Schließlich kann eine heute bestätigte Hypothese schon morgen widerlegt werden. Dennoch scheint es, als ob man mit Hilfe der Membrane die Existenz der fünf grundlegenden Stringtheorien belegen kann. Wenn die zusätzliche elfte Dimension auf eine bestimmte Art gewunden ist, belegt dies eine der Theorien. Wenn sie sich dagegen zusammenzieht, führt dies zu einer der anderen Stringtheorien. Außerdem könnte die Einbeziehung von Membranen in die Überlegungen zu neuen, bedeutenden Versuchsreihen führen. Der experimentelle Nachweis ist ja schon seit langem die Achillesferse der theoretischen Physik.

Die Konsequenzen der Membrantheorie sind bisher überhaupt noch nicht abzuschätzen. Man kann bisher nur mit Sicherheit sagen, dass sich hier eine ganz neue Welt auftut und dass die Physiker des frühen 21. Jahrhunderts versuchen werden, zu verstehen, welche Bedeutung der Membrantheorie überhaupt zukommt.

Manche Fachleute vertreten die Meinung, die Superstring-Theorie sei entschlüsselt und nun nähme etwas Neues ihren Platz ein, aber das ist wohl ein bisschen übertrieben. Die Untersuchung der Strings hat an Wert nicht verloren. Es hat sich einfach nur herausgestellt, dass die Superstring-Theorie Teil von etwas noch Wichtigerem ist. Worum es sich auch dabei handeln mag, unser Verständnis des Universums und der pyhsikalischen Gesetzmäßigkeiten könnte in den nächsten Jahren eine grundlegende Wandlung durchmachen.

Epilog

Gegen Mitte des 19. Jahrhunderts versuchte man, die Geheimnisse von Magnetismus und Elektrizität zu ergründen und herauszufinden, ob es zwischen den beiden eine Beziehung gibt. Damit beschritt die Wissenschaft einen Weg, auf dem zahllose, überraschende Entdeckungen gemacht wurden. Forscher entdeckten die Existenz des Atoms und schließlich auch des Atomkerns. Zeitweise schien alles in grenzenloser Konfusion zu versinken. Als man in den 50er Jahren des 20. Jahrhunderts ein Teilchen nach dem anderen entdeckte, ging der amerikanische Physiker J. Robert Oppenheimer sogar so weit, vorzuschlagen, dass man den Nobelpreis jemandem verleihen sollte, der im vergangenen Jahr *kein* neues Teilchen entdeckt hatte.

Doch die Verwirrung klärte sich immer wieder auf, ein Schritt nach dem anderen konnte getan werden. Probleme beim Verständnis der Eigenschaften von Atomen führten zur Entwicklung der Quantenmechanik, und die Sorge um eine immer größer werdende Zahl bekannter Teilchen hatte die Entdeckung der Quarks zur Folge. Das Mysterium der vier Naturkräfte hatte die Theorien zum Ergebnis, die heute unser Standardmodell ausmachen: QED, QCD und die elektroschwache Theorie.

Wir sind heute womöglich Zeuge einer weiteren Revolution in der Physik. Es stimmt zwar, dass weder die Superstrings noch die Membrantheorie experimentelle Unterstützung fanden. Es kann auch sein, dass beide Theorien eines Tages durch eine noch merkwürdigere ersetzt werden. Aber eines kann man mit Sicherheit sagen: Es wird gewaltige Neuentdeckungen geben. Auch eine falsche Theorie kann in die richtige Richtung weisen.

Im Moment sind Superstrings und Membrane tatsächlich die einzigen Strohhalme. Bis jetzt gibt es keine andere Möglichkeit, das Standardmodell zu erweitern. Das ist allerdings kein Beweis seiner Richtigkeit. Da zur Zeit neue, leistungsfähigere Teilchenbeschleuniger gebaut werden (im CERN soll das erste Modell der neuen Generation im Jahr 2005 in Betrieb gehen), wird die experimentelle Physik bald ein noch besseres Bild der subatomaren Welt besitzen. Wir wissen nicht, was uns dort erwartet. Manche Wissenschaftler versprechen sich die Entdeckung weiterer neuer Teilchen. Sollte sich diese Erwartung nicht erfüllen, müssen einige Modelle von heute wohl noch einmal überdacht werden.

Aber das ist nun einmal Teil der Physik. Wenn die Natur uns keine Rätsel aufgeben würde, gäbe es gar keine Naturwissenschaft.

Teil 3

Wissenschaftliche Vorstellungskraft

Vorbemerkung

Man könnte sich fragen, weshalb dieses Kapitel mit dem Titel *Wissenschaftliche Vorstellungskraft* sich ausgerechnet mit Physikern und Physik beschäftigen soll. Die Antwort ist einfach. Die Physik ist das am weitesten entwickelte Gebiet der Naturwissenschaft und außerdem der Bereich, in dem ich mich am besten auskenne. Natürlich könnte man auch die Chemie und die Biologie in einen Kommentar über wissenschaftliche Vorstellungskraft einfließen lassen, aber das würde nicht wesentlich weiterhelfen. Ein kreativer Geist arbeitet immer auf dieselbe Weise, unabhängig davon um welches Fachgebiet es sich handelt. Der Gegenstand der Untersuchung mag ein anderer sein, doch der Prozess des menschlichen Geistes ändert sich dadurch nicht.

Nicht alle Theorien und Experimente, die in diesem Buch vorgestellt werden erweisen sich als brauchbar. Wer experimentiert, macht auch Fehler oder verfolgt die falsche Spur. Manche Theorien sind vielleicht nicht falsch, haben aber auch keine wirklich wissenschaftliche Basis. Die manchmal geradezu lachhaften Fehlleistungen der Fantasie werfen ein besseres Licht auf die Denkprozesse, die schließlich zu einem gründlicheren Verständnis unserer Welt geführt haben. So ist das dritte und letzte Kapitel dieses Buchs der Fantasie gewidmet, den Erfolgen und Misserfolgen, den Fallen, Fehlern und Fortschritten.

Neben der Vorstellungskraft beleuchte ich hier auch die Entwicklung der Physik im 20. Jahrhundert, denn sie sind untrennbar miteinander verbunden. Betrachtet man diese Entwicklung etwas näher, stellt man fest, dass es nicht nur eine große Zahl von Entdeckungen gegeben, sondern auch unser Bild des Universums sich verändert hat. Im Jahr 1900 beschäftigte sich die Physik ausschließlich mit experimentellen Versuchsergebnissen. Neuentdeckungen gründeten häufig auf Beobachtungen. Selbst der Atomkern wurde auf diese Weise entdeckt.

Im Jahr 1911 arrangierte der britische Physiker Ernest Rutherford ein Experiment, bei dem Gold und andere Schwermetalle mit Alphateilchen (doppelt positiv geladenen Heliumkernen) beschossen wurden. Seine Assistenten erhielten den Auftrag, die Lichtblitze zu beobachten, die beim Aufprall der Alphateilchen auf Atome entstanden.

Im ersten Viertel des 20. Jahrhunderts schritt die Entwicklung in der Physik rasant voran, Thesen wurden gleich reihenweise aufgestellt. Theorie und Praxis gingen jedoch immer noch im Gleichschritt voran. Man konnte weiterhin Experimente durchführen, mit denen die neuen theoretischen Konzepte überprüft werden konnten, auch wenn die Versuche inzwischen viel komplizierter geworden waren als zu Rutherfords Zeiten.

Gegen Ende des Jahrhunderts begann die Theorie jedoch, die Praxis immer weiter hinter sich zu lassen. Physiker schufen zahlreiche theoretische Welten, deren Bezug zu der Realität, in der wir leben, immer unklarer wurde.

Aber das nur am Rande. Wichtiger scheint mir hier, zu erläutern, wie wissenschaftliche Forschung funktioniert. Ich habe deshalb versucht, zu zeigen, dass der persönliche Stil in der Naturwissenschaft eine ebenso große Rolle spielt wie etwa in der Kunst oder der Literatur. Ferner habe ich versucht, zu erläutern, dass Intuition in der Wissenschaft mitunter wichtiger sein kann als empirische Nachweise. Eine Theorie kann manchmal so überzeugend sein, dass sie allgemein längst anerkannt wird, bevor sie durch Versuchsergebnisse gestützt werden kann.

Ein Wissenschaftler kümmert sich normalerweise nicht um die Geschichte seines Metiers. Die großen Entdeckungen werden in Fachbüchern zusammengefasst, die den Anstrengungen auf dem Weg dorthin keine Beachtung schenken. Vielleicht muss das ja so sein. Schließlich sind die Frauen und Männer der Wissenschaft Entdecker und nicht Historiker.

Wenn man sich für die Funktionsweise des kreativen Geists interessiert, sieht man diese Dinge aber ein wenig anders. Man fragt sich, wie es zu all diesen Entdeckungen gekommen ist. Ein größeres Wissen um die Anstrengungen der theoretischen Physik im 20. Jahrhundert lässt uns die heutige Entwicklungsarbeit besser verstehen und vermittelt, warum die Wissenschaftler ihre imaginären Universen so ernst nehmen.

Kapitel 1
Der lange Weg zur Wahrheit

Galileo Galilei war schon Ende des 16. Jahrhunderts ein Anhänger von Kopernikus' Theorie, dass sich im Zentrum unseres Sonnensystems nicht die Erde, sondern die Sonne befindet. „Und sie bewegt sich doch", behauptete er und bestand darauf, dass die Erde sich rotierend um die Sonne dreht. Wie aber konnte er das wissen? Erst 1851 wurde die Erdrotation experimentell nachgewiesen, als der französische Physiker Jean Bernard Léon Foucault ein 30 kg schweres Pendel am Panthéon in Paris aufhängte und demonstrierte, wie die Erddrehung durch die sich verändernde Schwungrichtung erkennbar wird.

Heute gilt Galilei als großer Wissenschaftler und sein Eintreten für das kopernikanische Modell als eine seiner wichtigsten Taten. Doch obwohl er die Bewegung der Erde in seinem Buch ausführlich erklärte, konnte er doch nicht mehr tun, als seine Überzeugung möglichst plausibel darzustellen. Beweisen konnte er gar nichts. Tatsächlich waren einige seiner Argumente schlichtweg falsch. So glaubte er zum Beispiel dass die Meere in ihren Becken hin- und herschwappten und so die Gezeiten entstehen ließen. Der korrekten Theorie seines deutschen Zeitgenossen Johannes Kepler, der einen Zusammenhang mit dem Mond vermutete, schenkte er keine Beachtung.

Foucault war also derjenige, der die Erdrotation nachwies. Trotzdem ist er außerhalb von Physikerkreisen nahezu unbekannt. Vielleicht liegt es ja daran, dass er etwas bewies, was eigentlich alle Wissenschaftler und Gelehrten längst wussten. Wie aber konnten sie alle sich so sicher sein, da sie doch keinen Beweis hatten? Wie konnte Galilei sich sicher sein?

Diese Fragen zeigen an sich schon, dass wir uns von wissenschaftlichem Arbeiten oft eine falsche Vorstellung machen. Man könnte annehmen, dass Wissenschaftler zuerst Beobachtungen machen und Daten sammeln. Danach formulieren sie Hypothesen, die ihre Daten bestätigen sollen. Schließlich versuchen sie ihre Thesen durch Experimente zu untermauern. Der österreichisch-britische Philosoph Karl Popper hat sich dieser Vorstellung angenommen. In seinem ersten, 1934 erschienenen Buch „Die Logik der Forschung" wies er darauf hin, dass man eine Theorie gar nicht schlüssig nachweisen kann, denn wenn ein bestimmter Versuch auch zahllose Male zu demselben Ergebnis führt, heißt das nicht, dass dies in der Zukunft auch so bleibt. Nach Popper können Theorien höchstens falsifiziert werden. Wenn eine Theorie genügend Experimenten standhalten kann, gilt sie als bestätigt. Physik galt für Popper deshalb als Wissenschaft, weil man ihre Theorien verfälschen konnte. Astrologie, Marxismus und Freuds Psychoanalyse waren dagegen keine Wissenschaften für ihn, da ihre Theorien nicht überprüft werden konnten.

Poppers Arbeiten verfehlten ihre Wirkung auf das wissenschaftliche Arbeiten nicht. Allerdings bieten sie keine korrekte Beschreibung der typischen Vorgehensweise von Wissenschaftlern. So ist es keineswegs das Ziel ihrer Arbeit, Theorien zu widerlegen. Die Motivation zur Durchführung von Experimenten folgt meistens vielmehr aus der Vermutung, dass eine Theorie wahr ist. Im Übrigen sprach Popper gar nicht an, wie wissenschaftliche Hypothesen überhaupt zustande kommen. Er warf jedoch eine Frage auf, die Wissenschaftler und Philosophen seitdem beschäftigt: Was genau bedeutet „wissenschaftlich erwiesen"?

Popper soll hier nur am Rande erwähnt werden. Seine Arbeit ist eher von philosophischem als von wissenschaftlichem Interesse. Sie erklärt nicht, warum Wissenschaftler von einer Theorie überzeugt sein können, auch wenn es keine experimentellen Beweise gibt. Galilei war nicht der Einzige, der diese

Art Vertrauen besaß. Auch Albert Einstein hielt seine Theorien ohne Versuchsreihen für korrekt. Er behauptete sogar, dass ein Experiment, das seinen mathematischen Berechnungen widersprach, fehlerhaft sein musste.

Ich will damit natürlich nicht sagen, dass die großen Wissenschaftler immer Recht haben oder dass Versuchsreihen unwichtig sind. Auch Einstein und Galilei irrten. Wir halten ihre Theorien für richtig, weil sie bewiesen wurden, nicht weil sie daran glaubten. Wir glauben, dass sich die Erde um die Sonne dreht, weil die Hinweise darauf unwiderlegbar sind. Ebenso halten wir Einsteins Theorien für richtig, weil sie durch zahllose, minutiös geplante Versuche bestätigt worden sind. Mir ist aber wichtiger, hier darzustellen, dass hinter wissenschaftlicher Kreativität mehr steckt, als es zunächst den Anschein hat. Sie besteht eben nicht darin, Daten zu sammeln und diese durch Hypothesen zu erklären. Tatsächlich ist die Schaffenskraft eines Naturwissenschaftlers merkwürdig eng mit der eines Künstlers verwandt. Der Unterschied liegt vielmehr im Gebiet, auf dem sich die Kreativität entfaltet.

Ein kreativer Wissenschaftler kann natürlich nicht wahllos experimentieren. Er muss sich auf bereits bestehende Ergebnisse früherer Versuche stützen und überprüfbare Thesen entwickeln. Tatsächlich entstehen dabei aber häufig interessante Vermutungen, die nicht so viel Vertrauen einflößen wie die von Galilei und Einstein. Der berühmte britische Forscher Stephen Hawking stellt in seinem Buch *Eine kurze Geschichte der Zeit* etwa die Theorie auf, dass unser Universum keinen zeitlichen Ursprung hat. Nach seiner Vorstellung hatte die Zeit einst den Charakter einer räumlichen Dimension. Hawking sagt, dass es einmal vier räumliche Dimensionen gegeben hat. Die Zeit hat sich erst später „selbständig" gemacht.

Woher weiß Hawking, dass diese Idee stimmt? Er weiß es nicht. Ich werde später noch einmal darauf zurückkommen. Jetzt möchte ich mich aber wieder Einstein, Galilei und seinen Vorgängern zuwenden.

„Da wäre mir aber etwas Einfacheres eingefallen"

Plato glaubte, dass sich die Himmelskörper auf perfekten, von Gott geschaffenen Bahnen bewegten. Da der Kreis eine ideale geometrische Figur ist, mussten sich die Sonne und die Planeten auf kreisförmigen Bahnen um die unbewegte Erde bewegen, die als Zentrum des Universums angesehen wurde. Ihre Geschwindigkeit sollte ferner natürlich konstant sein. Jede Abweichung von dieser Theorie hätte die Perfektion zerstört.

Schon bald wurde deutlich, dass irgendetwas mit dieser Vorstellung nicht stimmen konnte. Selbst die Alten Griechen konnten sogar mit bloßem Auge erkennen, dass die Planeten sich von der Erde aus gesehen mit unterschiedlicher Geschwindigkeit bewegen. Manche Planeten schienen sogar auf ihren Bahnen zeitweise in Gegenrichtung zu wandern.

Heute ist es kein Problem mehr, diese Bewegungen zu erklären. Im Bewusstsein, dass nicht die Erde, sondern die Sonne im Zentrum des Sonnensystems steht, haben wir inzwischen eine andere Sichtweise eingenommen. So kommt es beispielsweise vor, dass Erde und Mars sich auf derselben Seite der Sonne befinden. Da sich die Erde schneller bewegt als der Mars und der Sonne näher steht, holt sie den Mars ab und zu ein und überholt ihn, etwa so wie ein Läufer auf der Innenbahn den auf der Außenbahn in einer Kurve überholt.

Platos Schüler Eudoxos von Kniddos war im 4. Jahrhundert v. Chr. der erste, der versuchte, die Unregelmäßigkeiten der Planetenbewegungen zu erklären. Er entwickelte ein Himmelsmodell, das aus mehreren transparenten, miteinander verbundenen Sphären bestand.

In der äußersten Sphäre befanden sich die Sterne. Ein komplexes System der inneren Sphären sorgte für die Bewegungen der Planeten. Der Jupiter befand sich demzufolge in einer Sphäre, die mit drei anderen Sphären kooperierte. Seine offensichtlich unregelmäßigen Bewegungen rührten von der Kombination aus vier verschiedenen Sphären her. Das System bestand insgesamt aus ungefähr 26 Sphären.

Aristoteles überarbeitete die Theorie von Eudoxos und erhöhte die Anzahl der Sphären auf 55. Trotzdem blieben viele durch Beobachtungen aufgeworfene Fragen offen. Wenn sich das Universum aus geozentrischen Sphären zusammensetzt, müssten sich die Planeten immer im selben Abstand zur Erde befinden. Da das Licht der Planeten aber nicht konstant bleibt, lag die Vermutung nahe, dass sich der Abstand zwischen den Planeten verändert.

Also mussten die griechischen Astronomen und Mathematiker eine neue Theorie entwickeln, um die Bewegungen der Planeten zu begründen. An die Stelle der verschränkten Sphären traten Deferenten und Epizyklen.

Deferenten waren konzentrische Kreise, Epizyklen kleinere Kreise, deren Mittelpunkte auf den Bahnen der größeren lagen. Die Planeten bewegten sich also nicht auf Kreisbahnen um die Erde, sondern auf kleinen Kreisbahnen, die sich um die Erde drehten.

So entstand von der Erde aus gesehen der Eindruck, dass die Planeten zeitweise taumelten. Da sie sich auf Epizyklen bewegten, glich ihre Bahn einer Reihe von Loopings, und sie liefen immer wieder ein Stück auf ihrer Bahn zurück. Indem man nur mit Kreisbahnen arbeitete, vermied man, Platos Diktum zu widersprechen, wonach nur perfekte, kreisförmige Bewegungen möglich waren.

Dieses System war zwar genial, funktionierte aber dennoch nicht. Theorie und Beobachtung wiesen immer noch Diskrepanzen auf. Schließlich war es der Astronom Claudius Ptolemäus aus Ägypten, der das Problem im 2. Jahrhundert n. Chr. löste. Er entwickelte ein Modell, das noch weitaus komplizierter war als das vorangegangene. Zumindest scheint es uns heute so. Die Zeitgenossen von Ptolemäus hielten sein Werk jedoch für eine mathematische Meisterleistung. Tatsächlich wurde seine astronomische Schrift *He mathematike syntaxis*

(Die mathematische Zusammenfassung) später auch als *Ho megas astronomos* (Der große Astronom) bekannt. Im 9. Jahrhundert nannten arabische Astronomen sie „Die Großartige", auch heute kennt man sie noch unter der arabischen Bezeichnung *Almagest.**

Ptolemäus gelang es mit Hilfe eines neuen Konzepts, die Unstimmigkeiten auszuräumen. Sein zentrales Element war der *Punctus aequans* oder Ausgleichspunkt. Ich will hier nicht mit technischen Details langweilen und beschränke mich deshalb darauf zu erwähnen, dass der Ausgleichspunkt ein Punkt ist, der außerhalb der Erde liegt und um den Deferent und Epizyklen kreisen.

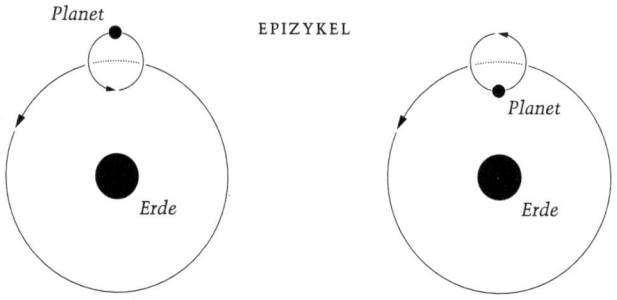

Abb. 1: Epizyklen. Das Modell des Ptolemäus basierte auf der Annahme, dass sich Sonne, Mond und Planeten um die Erde drehten. Durch Beobachtungen musste man jedoch feststellen, dass ihre Bahnen keine perfekte Kreisform aufweisen. Also suchte man nach Möglichkeiten, diese Unregelmäßigkeiten zu erklären. Die gebräuchlichste Theorie war die der Epizyklen. Dabei bewegt sich ein Planet auf einer Kreisbahn um die Erde. Zusätzlich beschreibt er aber auf seiner Bahn noch einen zweiten Kreis, den man als Epizykel bezeichnet. Befindet sich der Planet auf der unteren Seite des kleinen Kreises, scheint er sich von der Erde aus rückwärts zu bewegen.

---

* Dieser Begriff ist tatsächlich eine Kombination des griechischen Superlativ *megiste* und dem arabischen Artikel *al*.

Da sich auch diese Beschreibung ziemlich kompliziert anhört, versuche ich, den Sachverhalt vereinfachter darzustellen. Der Deferent entspricht ungefähr dem, was wir heute als Umlaufbahn bezeichnen. Das Zentrum der Umlaufbahnen war jedoch nicht die Erde. Die Planeten bewegten sich im Übrigen nicht genau auf ihren Bahnen, sondern auf Epizyklen, die auf eben diesen Bahnen kreisten.

Vom heutigen Standpunkt sieht dieses System sehr nach Stückwerk aus. In der Antike – und auch in der westlichen Welt, nachdem sich die Wissenschaft und Philosophie der Griechen verbreitet hatte – war das jedoch kein Problem. Die Philosophen ignorierten einfach die mathematischen Details, da sie sie nicht verstanden, und hielten an dem Modell der kristallinen Sphären fest. Gleichzeitig hatten die Astronomen nun die Möglichkeit, die Bewegungen der Planeten relativ genau vorhersagen zu können.

Natürlich gab es auch Zweifler, die das ptolemäische System nicht für ein korrektes Abbild der Realität hielten. Einer von ihnen war König Alfonso X., der 1252–1284 Kastilien und Leon regierte und auch „Alfonso der Weise" genannt wurde. Er war bereits ein anerkannter Gelehrter, bevor er gekrönt wurde. Nachdem er den Thron bestiegen hatte, holte er eine große Zahl von kundigen Männern an seinen Hof, verteilte reichlich Geschenke an seine Freunde und spann internationale Intrigen. Das kostete natürlich sehr viel Geld, und die hohen Steuern, die Alfonso seinen Untertanen auferlegte, waren schließlich einer der Gründe für den Aufstand, der 1284 zu seinem Sturz führte. Als Forscher war Alfonso selbstverständlich das Modell des Ptolemäus bekannt. Angeblich soll er einmal gesagt haben, Gott hätte ihn doch kurz zu Rate ziehen sollen, bevor er mit der Schöpfung begann, denn ihm wäre sicher etwas Einfacheres eingefallen. Die meisten Gelehrten dieser Zeit wischten jedoch alle Bedenken beiseite. Sie verhielten sich eben nicht so, wie Wissenschaftler dies heute tun. Solange das System des Ptolemäus funktionierte, gaben sie sich zufrieden.

Kopernikus, Kepler und Galilei

Das Problem dabei war nur, dass das Modell eben *nicht* richtig funktionierte. Je mehr astronomische Daten gesammelt werden konnten, desto deutlicher wurde, dass Ptolemäus die Bewegungen der Planeten doch nicht korrekt erklären konnte. Neue Unstimmigkeiten traten auf und veranlassten weitere Versuche, um das Modell nachzubessern. Einen durchschlagenden Erfolg erzielte jedoch keiner von ihnen. Im 16. Jahrhundert wurde mit mehreren astronomischen Modellen gearbeitet, die aber alle fehlerhaft waren. Es ist bezeichnend, dass der polnische Astronom Kopernikus, als er zu Anfang des Jahrhunderts die Kirche bei der Kalenderreform beraten sollte, vorschlug, das Projekt vorerst zu verschieben. Um einen Kalender zu erstellen, muss man zwar nur Sonne und Mond beobachten, aber Kopernikus war wohl der Ansicht, dass das Wissen über Astronomie jener Zeit nicht einmal ausreichte, die Bewegungen dieser beiden Himmelskörper genau zu beschreiben.

Zu guter Letzt entschloss sich Kopernikus, selbst ein Modell des Sonnensystems zu entwickeln, in dem statt der Erde die Sonne im Zentrum stand. Sein Werk *De revolutionibus* erschien 1543, Kopernikus war angeblich bereits dem Tod nahe, als er das erste Exemplar in den Händen hielt. Ob dem so war, kann man heute nicht mehr nachvollziehen. Angesichts der Tatsache, dass Kopernikus im Begriff war, die Astronomie zu revolutionieren, spielt das aber auch nur eine untergeordnete Rolle.

Kopernikus' Werk war so kompliziert geschrieben, dass es fast nur von Astronomen verstanden wurde. Trotzdem übte es schon bald großen Einfluss aus. Eigentlich war kaum einer der zeitgenössischen Wissenschaftler bereit, zu glauben, dass die Planeten tatsächlich um die Sonne kreisten. Da Kopernikus' Theorie aber astronomische Berechnungen stark vereinfachte, waren sie gewillt, die Vorstellung einer beweglichen Erde als nützlich für die Mathematik anzuerkennen.

Das kopernikanische Modell konnte die Planetenbewegungen nicht ganz exakt beschreiben, da es von kreisförmigen Umlaufbahnen ausging, die es aber nicht gibt. Kepler sollte später nachweisen, dass die Planetenbahnen keine Kreise, sondern Ellipsen beschreiben, doch Kopernikus konnte davon noch nichts wissen. Obwohl sein Modell das Problem beseitigte, dass die Planeten sich manchmal rückwärts auf ihren Bahnen bewegten, musste er *ad hoc* einige Voraussetzungen annehmen, um seine Theorie der Realität anzupassen. So ging er zum Beispiel davon aus, dass sich die Erde um einen Punkt in der Nähe der Sonne dreht und nicht um die Sonne selbst. Außerdem konnte er auf die Epizyklen von Ptolemäus und anderen nicht verzichten. Das kopernikanische System war zwar in der Anwendung einfacher als die Modelle, mit denen bis dahin gearbeitet wurde, brachte aber keine genaueren Ergebnisse.

Kopernikus führte das heliozentrische Sonnensystem ein, Kepler perfektionierte es, indem er elliptische Umlaufbahnen hinzufügte und die Gesetze der Planetenbewegung ableitete, doch es war Galilei, der am meisten für die Akzeptanz des Modells einer um die Sonne kreisenden Erde erreichte. Er selbst trug nichts Konstruktives dazu bei. Im Gegenteil, seine Überzeugung, dass die Umlaufbahnen doch kreisförmig sein mussten, bedeutete sogar einen Rückschritt. Trotzdem war Galilei der effektivste Propagandist der Wissenschaft aller Zeiten.

Galilei war höchst kreativ. Während seine Zeitgenossen die Natur ausschließlich auf der Basis der Lehrsätze des Aristoteles erklären wollten, bestand er auf der Wichtigkeit des Experimentierens. Die Gesetzmäßigkeiten fallender Körper leitete er ausschließlich aus Versuchsreihen ab. Er war ferner in der Lage, die Flugkurve eines Projektils zu berechnen. Das hatte wichtige Konsequenzen für das Militär, denn Galilei konstruierte in der Folge Instrumente, mit denen man den Neigungswinkel einer Kanone auf die Entfernung zum Zielobjekt einstellen konnte.

Die Geschichte, dass Galilei angeblich Gewichte vom Schiefen Turm von Pisa geworfen hat, um zu beweisen, dass zwei Körper unterschiedlichen Gewichts gleich schnell fallen, ist dagegen höchstwahrscheinlich erdichtet. In Galileis Schriften findet sich kein Hinweis auf ein solches Experiment, auch sonst sind aus dieser Zeit keine Berichte darüber bekannt. Die Anekdote taucht erstmals in der Schrift eines seiner Schüler auf, die erst mehrere Jahre nach dem Tod des Meisters veröffentlicht wurde. Galilei führte vielmehr einige ausgeklügelte Gedankenexperimente durch, die nur den Schluss zuließen, dass Körper unabhängig vom Gewicht gleich schnell fallen.

Galilei war der erste Forscher, der den Nachthimmel durch ein Teleskop beobachtete. Nachdem er im Jahr 1609 erfahren hatte, dass „ein gewisser Holländer"[*] einen Apparat erfunden hatte, mit dem entfernte Objekte vergrößert werden konnten, konstruierte er selbst ein Teleskop. Mit Hilfe dieses Instruments erkannte Galilei Erhebungen auf dem Mond, dunkle Flecken auf der Sonne und stellte fest, dass die Venus ähnliche Phasen aufwies wie der Mond. Außerdem entdeckte er vier Jupitermonde.

Galilei war kein hauptberuflicher Astronom wie Kepler. Vielleicht sollte man besser sagen, er war kein Astrologe. In der damaligen Zeit wurde nämlich zwischen Astronomie und Astrologie nicht unterschieden, und der Hauptzweck der ersten Disziplin war das Erstellen von Horoskopen. Man hielt die Astrologie seinerzeit für einen wichtigen Bereich der Medizin. Als Arzt musste man astrologisches Wissen besitzen, um den richtigen Zeitpunkt für die Einnahme von Medizin bestimmen zu können. Als Professor an der Universität von Padua unterrichtete Galilei auch die mathematischen Formeln, die in der Astrologie Anwendung fanden. Als Astronom war er jedoch genau genommen nur ein Amateur.

---

[*] Die Rede ist von dem deutsch-holländischen Brillenhersteller Hans Lippershey.

Galilei benutzte seine Beobachtungen nicht, um Kopernikus' Theorie zu überprüfen. Dazu gab es damals einfach noch
nicht die Möglichkeit. Dennoch erzielte er einige Aufsehen
erregende Ergebnisse. So entdeckte er zum Beispiel, dass der
Mond eine unebene Oberfläche besitzt und nicht etwa die perfekte Kugel war, wie Aristoteles gefordert hatte. Galilei fand
Flecken auf der Sonne. Sie konnte also auch nicht makellos
sein. Seine Entdeckung von vier Jupitermonden bewies ferner,
dass es zumindest ein paar Himmelskörper gab, die sich nicht
um die Erde drehten.

Galilei behandelte seine Forschungen ausführlich in seinem Werk *Dialog über die hauptsächlichsten Weltsysteme*.
Die Rede war hier natürlich von den Modellen des Ptolemäus
und Kopernikus. Galilei konnte die Richtigkeit des kopernikanischen Systems zwar nicht beweisen, doch glaubhaft machen. Teilweise gelang ihm das, indem er einige Argumente
widerlegte, die damals gegen eine bewegliche Erde sprachen.
Er argumentierte beispielsweise, dass eine rotierende Erde keine konstanten, gegenläufigen Winde erzeugen konnte, da die
Luft von der Erde mitgezogen wurde. Deshalb fiel ein schwerer Körper, der vom Mast eines Schiffs geworfen wurde, auch
nicht schräg nach hinten, sondern aufgrund seiner Trägheit
auf einen Punkt direkt unter ihm zu. Jedes von Galileis Argu-
menten baute auf dem vorigen auf. Das Werk schloss mit Galileis großem Irrtum, der falschen Theorie über die Entstehung
der Gezeiten.

In gewisser Hinsicht war Galileis Vorstellung des heliozentrischen Sonnensystems ein Rückschritt. Weil er der Ansicht
war, eine elliptische Bahn sei einfach zu hässlich, um die Basis für Umlaufbahnen der Planeten zu bilden, hielt er an den
kreisförmigen Orbits fest. Als Amateurastronom blieb ihm
dies vorbehalten, denn er brauchte seine Theorien nicht durch
Versuche zu untermauern, wie Kepler es tat.

Trotzdem war es Galilei und nicht Kepler, der Kopernikus'
Ideen am meisten Akzeptanz verschaffte. Er konnte sich eben

sehr gut ausdrücken und wirkte immer überzeugend. Außerdem zwang ihn die katholische Kirche, seine Thesen zu widerrufen, und setzte sein Werk auf den Index. Dadurch war Galileis Popularität vor allem außerhalb Italiens gesichert, denn natürlich wollte jeder das verbotene Buch lesen.

Aber warum lehnte Galilei überhaupt das Modell des Ptolemäus ab und befürwortete das heliozentrische Sonnensystem? Wir werden die Antwort darauf nie erfahren. Galilei schwieg in seinen Schriften darüber, wie er zu bestimmten Thesen gekommen war; er warb nur um deren Anerkennung. Autobiografische Werke waren zu jener Zeit nicht gerade in Mode, zumindest nicht bei Wissenschaftlern.

Galileis Motivation liegt trotzdem nahe. Offensichtlich hielt er Ptolemäus' Theorie für viel zu kompliziert, um wahr zu sein. Damit stand er nicht allein. Die meisten Astronomen der Zeit hatten ihre Zweifel an dem Modell. Zwar glaubten viele weiterhin, dass die Erde im Zentrum des Sonnensystems steht, aber für sie waren astronomische Theorien auch nichts anderes als mathematische Methoden, um die Position der Planeten vorauszusagen. Das Besondere an Galilei war, dass er sich gegen die Doktrin von Aristoteles auflehnte, die Erde sei das Zentrum des Universums, und er war scharfsinnig genug, zu erkennen, dass Kopernikus' Modell eine Logik innewohnte, die dem von Ptolemäus fehlte. Er sprach in seiner Schrift zwar von den „hauptsächlichen Weltsystemen", aber eigentlich gab es ja auch keine anderen. Entweder drehte sich die Erde um die Sonne oder eben nicht. Über 1000 Jahre lang hatten die Astronomen sich bemüht, Ptolemäus' Theorie zu untermauern, aber alles, was sie erreicht hatten, war, ein großes Durcheinander zu schaffen. Wenn man sich dem einfacheren Modell – einfacher, nicht was die Details, aber was das Konzept betraf – von Kopernikus zuwandte, wurden die Dinge plötzlich klar.

Als Isaac Newton irgendwann zwischen 1664 und 1666 die Gesetze der Schwerkraft herleitete, war das Problem der Planetenbewegungen im Sonnensystem endgültig gelöst. Besonders wichtig war, dass Newton die Gravitation anhand eines quadratischen Abstandsgesetzes beschreiben konnte. Dadurch war es möglich, mathematisch zu beweisen, dass die Umlaufbahnen der Planeten die Form von Ellipsen haben mussten, wie Kepler vorhergesagt hatte. Newton baute auf Galileis Arbeit über die Bewegungen an der Erdoberfläche auf, als er seine drei Bewegungsgesetze formulierte. In Kombination mit dem Gesetz der Schwerkraft war er nun in der Lage, das Fallverhalten aller möglichen Körper zu erklären, vom Apfel (die Anekdote, Newton wäre auf das Gesetz der Schwerkraft gekommen, als er einen Apfel vom Baum fallen sah, ist wahrscheinlich auch erfunden) bis hin zum Mond und zu den Planeten.

Newton hatte nicht mit denselben Widrigkeiten zu kämpfen wie Galilei. Der Weg war bereits geebnet. Als das Schwerkraftgesetz formuliert wurde, war die Tatsache, dass sich die Erde um die Sonne dreht, schon zur Normalität geworden. Newtons Theorien wurden zumindest in England sofort übernommen, er wurde damit zum berühmtesten Wissenschaftler seiner Zeit – besser gesagt: *Naturphilosoph*, denn die Bezeichnung *Wissenschaftler* war noch nicht gebräuchlich.

Newton übte großen Einfluss auf das damalige Weltbild aus, ja er veränderte es. Noch zu Beginn des 19. Jahrhunderts galten etwa Kometen als Zeichen des Schicksals, die Astrologie genoss allgemeine Anerkennung.

Am Ende desselben Jahrhunderts waren Kometen nichts anderes als Himmelskörper wie der Mond und die Planeten auch. An die Aussagen der Astrologen glaubte in der gebildeten Oberschicht inzwischen praktisch niemand mehr. Der Glaube, dass Planeten mysteriöse Einflüsse auf Menschen ausüben sollten, passte einfach nicht mehr zum Zeitgeist der Aufklärung.

Und dann, im Jahr 1851, gelang Foucault schließlich der Nachweis, dass die Erde um ihre eigene Achse rotiert.

„Die Theorie stimmt"

Über die Entwicklung der Einsteinschen Theorien ist viel mehr bekannt als über die Galileis. Einstein schrieb und sprach häufig darüber, wie er die Relativitätstheorien entwickelt hatte. Über manche Probleme hatte er schon als Heranwachsender gegrübelt. So versuchte der junge Einstein sich vorzustellen, wie es wäre, einem Lichtstrahl mit Lichtgeschwindigkeit zu folgen. Dabei kam er zu etwas obskuren Ergebnissen. Als er in späteren Jahren seine Spezielle Relativitätstheorie formulierte, die sich mit dem Verhalten von Körpern beschäftigt, die sich beinahe mit Lichtgeschwindigkeit bewegen, gelang es ihm jedoch, alle Rätsel zu lösen. Fast alle.

Einsteins Beschreibungen zeigen dieselben Denkprozesse auf, die wahrscheinlich auch Galilei durchlaufen hat. Einstein betonte häufig, dass ihm die innere Logik und Klarheit einer Theorie wichtiger war als deren experimenteller Nachweis. Seine Allgemeine Relativitätstheorie – die Gravitationstheorie – sagte unter anderem aus, dass ein Lichtstrahl durch die Nähe eines Planeten abgelenkt wird. Im Jahr 1919 fuhr dann eine Gruppe britischer Forscher nach Afrika, um eine Sonnenfinsternis zu beobachten. Sie berichtete, dass Einsteins Vorhersage richtig gewesen sei.

Als diese Nachrichten Deutschland erreichten, bemerkte die Studentin Ilse Rosenthal-Schneider, dass ihr Lehrer Einstein davon kaum Notiz zu nehmen schien. Also fragte sie ihn, ob er sich denn nicht genauso freue wie sie. Einstein antwortete: „Ich wusste doch ohnehin, dass die Theorie stimmt." Daraufhin fragte Frau Rosenthal-Schneider nach, wie er denn reagiert hätte, wenn die Ergebnisse ihm widersprochen hätten. Seine Antwort lautete: „Dann hätte mir der liebe Gott ziemlich Leid getan, denn die Theorie stimmt."

Die Beobachtungen des Briten Arthur Eddington und seiner Kollegen waren im Grunde nicht sehr aufschlussreich. Es gab eine relativ hohe Fehlertoleranz, und man konnte deshalb nicht mit Sicherheit sagen, dass sich Einsteins Allgemeine Relativität bestätigt hatte. Trotzdem sehen die Wissenschaftler von heute, zumindest jene, die Einsteins Arbeit kennen, Eddingtons Ergebnisse als Bestätigung an. Ihre Überlegungen folgten der Ansicht Galileis über das kopernikanische Modell, dass nämlich eine Theorie, die so einfach und klar ist, nicht völlig falsch sein kann.

Heutzutage schreitet die Wissenschaft viel schneller voran als zu Zeiten Galileis und Newtons. Deshalb braucht man jetzt nicht mehr zwei Jahrhunderte lang zu warten, bis die Allgemeine Relativität durch Versuche geprüft wird. Schon in den 60er Jahren führte man eine Reihe von Experimenten durch, die Einsteins Theorie mit einem sehr hohen Wahrscheinlichkeitsgrad bestätigten. Die beteiligten Forscher hatten ohnehin kaum noch Zweifel an ihrer Richtigkeit. In diesem Jahrzehnt wurde die Allgemeine Relativität schließlich weltweit anerkannt.

Einstein war natürlich nicht unfehlbar. In den 30er Jahren begann man darüber zu spekulieren, ob das, was wir heute als Schwarzes Loch bezeichnen, wohl existieren könnte. Ein Schwarzes Loch ist der Überrest eines Sterns und besitzt eine so große Dichte, dass nichts, was in seinen Anziehungsbereich gerät, wieder entfliehen kann, nicht einmal Licht. Daher auch der Begriff *Schwarzes Loch.*

Einstein konnte die Existenz eines so außergewöhnlichen Objekts nicht akzeptieren und veröffentlichte 1939 einen Artikel, der dessen Unmöglichkeit beweisen sollte. Seine Argumente waren offensichtlich falsch. Zwar waren seine mathematischen Berechnungen korrekt, aber Einstein war von fragwürdigen Voraussetzungen ausgegangen. Wir wissen heute, dass es tatsächlich zahlreiche Schwarze Löcher in unserem Universum gibt. Man kann natürlich nicht durch den Raum reisen und sie aus der Nähe betrachten. Dennoch hat man bereits einige Objekte entdeckt, die nichts anderes sein können. Man kann ein Schwarzes Loch an sich nicht sehen, wohl aber

den Einfluss registrieren, den es auf benachbarte Körper aus-
übt. Daraus konnte man auf unsichtbare und unglaublich kom-
pakte Objekte schließen.

Einstein irrte in einigen Details, sein Konzept der Gesamt-
struktur des Universums hat sich jedoch als zutreffend erwiesen. Natürlich stößt auch die Relativitätstheorie manchmal
an ihre Grenzen. Vor allem kann man mit ihr nicht in einem
Bereich arbeiten, in dem Quanteneffekte an Bedeutung gewin-
nen. Mit Hilfe der Allgemeinen Relativität wird zwar die Bildung eines Schwarzen Lochs nachvollziehbar, wenn die inhä-
rente Materie aber immer weiter kollabiert, wie es die Theorie
vorschreibt, führt dies zu unendlich großer Dichte. Nach Meinung der Astrophysiker würde es aber vorher zu Quanteneffekten kommen, die dies verhindern. Leider weiß man nicht,
was für Effekte das sein könnten. Bei extrem hoher Dichte
taugt die Theorie einfach nicht mehr.

Auf der anderen Seite stellt die Allgemeine Relativitätstheorie ein sehr nützliches Hilfsmittel dar, um die Gesamt-
struktur des Universums zu beschreiben. Wir haben diese
Theorie nicht Einsteins Wunsch nach Überprüfungen zu verdanken, sondern seiner reichhaltigen Fantasie und seinem
großen Forschungsdrang, die ihn Ideen und Bilder von solcher
Logik und Überzeugungskraft ersinnen ließen, dass es praktisch unmöglich ist, an ihnen zu zweifeln.

Quantenmechanik

Man muss sich vor Verallgemeinerungen hüten. Einsteins Theorien lieferten im Allgemeinen immer Bilder, die zumindest
Physiker leicht nachvollziehen konnten. Besonders bestechend
waren sie aufgrund ihrer klaren, einfachen Strukturen. Dieses
Prädikat verdienen aber nicht alle neuen Thesen. Bei der 1925
von Walter Heisenberg entwickelten Quantenmechanik war
dies zum Beispiel überhaupt nicht der Fall. Er entwarf kein

neues Bild der subnuklearen Welt, sondern arbeitete mit einer speziellen Form von Mathematik, der *Matrizenmathematik* (sie war bis dahin hauptsächlich Mathematikern bekannt), um eindeutige Quantitäten wie die Wellenlänge von Licht zueinander in Beziehung zu setzen. Heisenberg kümmerte sich ausschließlich um seine Arbeit im Labor, die sichtbare Ergebnisse erzielen und keinen Anlass zu Spekulationen geben sollte.

Damit war die Entwicklungsarbeit aber noch längst nicht beendet. Der Österreicher Erwin Schrödinger entwickelte 1926 unabhängig von Heisenberg sein eigene Theorie bezüglich des Verhaltens von subatomaren Teilchen. Er bezeichnete sie als *Wellenmechanik*, da er alle Teilchen als Wellenbündel auffasste. Beide Theorien schienen die in den Labors erzielten Versuchsergebnisse erklären zu können, aber keiner der Forscher war gewillt, die Arbeit des Kollegen anzuerkennen. Der eine sprach abschätzig von dem anderen.

Vermutlich ahnen Sie schon, was dann geschah. Noch im selben Jahr führte der deutsche Physiker Max Born den Nachweis, dass beide Theorien mathematisch äquivalent sind, und seitdem gelten sowohl Heisenberg als auch Schrödinger als Entwickler der Quantenmechanik.

Die subatomare Welt war jedoch auch nach Borns Beitrag keineswegs hinreichend erklärt. Schrödinger argumentierte mit Wellen, bei denen unklar blieb, wovon sie eigentlich ausgingen. Born wies später nach, dass der Ausschlag dieser Wellen mit der Aufenthaltswahrscheinlichkeit eines Teilchens in Zusammenhang steht, aber das half im Grunde nicht weiter. Um die Wahrheit zu sagen, man diskutiert heute immer noch über die eventuellen Konsequenzen der Quantenmechanik.

Die Tatsache solcher Diskussionen soll aber nicht darüber hinwegtäuschen, dass die Quantenmechanik eine äußerst präzise Theorie ist. Man kann damit Vorhersagen treffen, die durch Experimente exakter bestätigt werden, als dies je bei einer anderen Theorie der Fall war. Anfangs ging es dabei hauptsächlich um statistische Werte. Man kann zum Beispiel die Quantität des Lichts messen, die von einer Teilchenwolke emittiert wird, und das Ergebnis mit der mathematischen Berechnung vergleichen. Diese Ergebnisse haben statistischen Wert, weil jede Gasprobe im Allgemeinen aus Milliarden von Teilchen besteht und das emittierte Licht im Grunde ein Durchschnittswert ist.

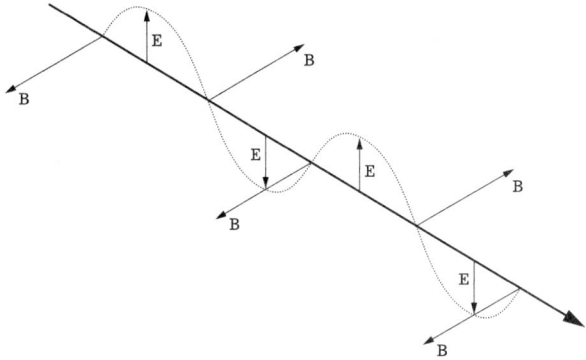

Abb. 2: Licht als elektromagnetische Welle. Strahlungen wie Licht bestehen aus oszillierenden elektrischen und magnetischen Feldern. E steht hier für das elektrische Feld, B (dieses Zeichen wird hauptsächlich von Physikern verwendet) für das Magnetfeld. B steht senkrecht zu E. Der Lichtstrahl bewegt sich nach rechts. Die gepunktete Linie steht für die Oszillation von E. Einstein fragte sich schon in seiner Jugend, was wohl ein Beobachter, der sich mit Lichtgeschwindigkeit bewegt, hier sehen würde. Er kam zu dem Schluss, dass ein Beobachter zwei unbewegliche, senkrecht zueinander stehende elektrische bzw. Magnetfelder sähe. Das erschien ihm paradox, denn solche unbeweglichen Felder kommen in der Natur nicht vor.

Inzwischen kann man mit Hilfe der Quantenmechanik sogar Vorhersagen für einzelne Teilchen treffen, die in Tests eindeutig nachgewiesen werden. So hat man inzwischen dokumentiert, dass ein Neutron tatsächlich zwei Bahnen gleichzeitig beschreiben und ein Atom sich an zwei Orten gleichzeitig befinden kann, wie es die Theorie angekündigt hat.

Im Gegensatz zu dem heliozentrischen Modell von Kopernikus und Einsteins Relativitätstheorie, zwei klaren und eindeutigen Theorien, haftet der Quantenmechanik bis heute der Makel an, unlogisch oder zumindest „strange" zu sein. Man kann natürlich nicht unbedingt erwarten, dass sich subatomare Objekte genauso verhalten wie Körper im Makrokosmos. Vielleicht sollten wir uns einfach damit zufrieden geben, dass die Quantenmechanik mathematisch und logisch stimmig ist. Ihr Erfolg ist in jedem Fall Beweis dafür, dass eine neue Theorie auch anderes tun kann als ein lebendiges Bild zu entwerfen. Manchmal wohnt der Welt eben eine unerwartete Logik inne.

Schlussendlich weist der Triumphzug der Quantenmechanik aber sogar Ähnlichkeiten mit den Erfolgsgeschichten von Kopernikus' und Einsteins Theorien auf. Genau wie Einstein hatten Heisenberg und Schrödinger eine Vision. Die Geschichte der Quantenmechanik ähnelt der ihrer Vorgänger sogar dahingehend, dass die Experimente, die für ihren Nachweis dienten, erst lange nach ihrer Formulierung und Akzeptanz durchgeführt werden konnten. Wie bereits erwähnt, können die Vorhersagen der Quantenmechanik bezüglich des Verhaltens einzelner Teilchen erst seit kurzem bewiesen werden. Die an den Versuchen beteiligten Physiker hatten daran natürlich keine Minute gezweifelt. Die Quantenmechanik war einfach zu brillant, um widerlegt zu werden.

Die imaginäre Zeit

Stephen Hawking ist der Ansicht, dass das Universum seinen Ursprung in einer imaginären Zeit hat. Ich vermute, die Laien unter den Lesern seines Buchs *Eine kurze Geschichte der Zeit* fanden das ein bisschen verwirrend. Hawking macht nicht deutlich, dass er den Begriff *imaginär* in technischem, mathematischem Sinn gebraucht, die mit der umgangssprachlichen Bedeutung des Worts nichts zu tun hat.

Hawking geht von den imaginären Zahlen der Mathematik aus. Eine imaginäre Zahl ist zum Beispiel die Quadratwurzel aus – 4. Diese Zahl kann natürlich nicht 2 sein, denn 2 x 2 = 4. Es kann aber auch nicht – 2 sein, denn –2 x –2 ergibt ebenfalls 4. Minus mal minus gibt plus. Die Quadratwurzel aus –4 nennt man deshalb imaginär. Heute wird die Quadratwurzel aus –4 mit 2i bezeichnet, wobei man voraussetzt, dass i x i = –1 ergibt.

Die Existenz imaginärer Zahlen wurde erstmals im ersten Jahrhundert n. Chr. von Hero von Alexandria erwähnt, aber erst im 19. Jahrhundert akzeptiert. Heutzutage verwendet man imaginäre Zahlen genauso selbstverständlich wie reelle Zahlen. In der Physik, Mathematik und im Ingenieurwesen arbeitet man sogar mit komplexen Zahlen – Kombinationen aus reellen und imaginären Zahlen. Dadurch werden viele Berechnungen vereinfacht. Dass diese Zahlen abstrakt sind, stört dabei niemanden. Auch die Zahl 2 ist ja abstrakt. Man kann zwei Bekannte auf der Straße treffen, zwei Orangen essen oder bis zwei Uhr morgens aufbleiben, aber der Zahl 2 begegnet man im Alltag nie.

Imaginäre Zahlen tauchen auch in Schrödingers Wellengleichung auf, auf die man in der Quantenmechanik häufig zugreift. Schrödingers Wellen werden durch imaginäre Zahlen beschrieben. Das ist einer der Gründe, warum Physiker Mitte der 20er Jahre fragten, was denn eigentlich schwinge. Nachdem Born jedoch gezeigt hatte, dass nur der Ausschlag der Welle von physikalischer Bedeutung war, verschwand das Problem. Wenn man imaginäre Zahlen mathematisch manipuliert, erhält man häufig reelle Zahlen als Ergebnis. Genau das bewies Born mit seinen Berechnungen über Schrödingers Wellen. Er hatte zwar die Frage „Was schwingt?" nicht beantwortet, aber gezeigt, dass die Wellen in Beziehung zu messbaren Mengen stehen.

Die Schrecken der Unendlichkeit

Bevor ich erläutere, wie Hawking imaginäre Zahlen verwendete, um seine Ursprungstheorie des Universums zu entwickeln, sollte ich erst auf das Problem zu sprechen kommen, das er zu lösen versuchte. Das Universum dehnt sich bekanntlich aus. Es muss also einmal sehr klein und sehr dicht gewesen sein. Wenn Einsteins Allgemeine Relativitätstheorie zutrifft, muss das Universums sogar irgendwann eine unendliche Dichte besessen haben. Das ist mathematisch nachweisbar. Der Grund für die Ausdehnung spielt dabei keine Rolle. Es besteht allgemein ein Konsens darüber, dass die gesamte Materie im Universum unabhängig von seinem jetzigen Zustand in einem mathematischen Punkt zusammengefasst war.

Nun haben die meisten Physiker etwas gegen unendlich große Zahlen. Sie kommen in der Natur nicht vor und sind oft mit Paradoxien verbunden. Wenn in einer astronomischen Berechnung eine unendlich große Zahl auftaucht, nimmt man dies deshalb häufig als Indiz dafür, dass mit der Formel etwas nicht stimmt.

Auf den ersten Blick scheint die unendlich große Dichte des Universums zum Zeitpunkt seines Ursprungs gar kein Problem zu sein. Wie wir bereits festgestellt haben, verliert jede Theorie an einem bestimmten Punkt ihre Gültigkeit. Bei sehr hoher Dichte kann man auch mit Einsteins Relativitätstheorie nicht mehr arbeiten. Man brauchte also durchaus nicht davon auszugehen, dass die mit ihr berechneten unendlichen Größen der Wirklichkeit entsprechen.

Leider hilft das nicht recht weiter. Wenn das Universum keine unendlich große Dichte besaß, wie war es dann wirklich beschaffen? Die Allgemeine Relativität bietet hier keine Lösung an, weil sie für eine Berechnung für diesen Zeitpunkt nicht geeignet ist.

Die Quantenmechanik wird zumeist auf das Verhalten subnuklearer Teilchen angewendet. Eigentlich gibt es aber keinen

Grund, warum sie nicht auf das Universum als Ganzes angewendet werden können sollte. In den 80er Jahren verwendeten einige Astronomen, darunter auch Stephen Hawking, viel Zeit auf diese Idee und entwickelten die so genannte Quantenkosmologie. Sie führte nicht zuletzt zu der Theorie über den Ursprung des Universums, die Hawking und sein amerikanischer Kollege James Hartle aufgestellt hatten. Diese Hawking-Hartle-Theorie beschäftigte sich erstmals mit dem Konzept der imaginären Zeit.

Imaginäre Zahlen tauchen also häufig bei Anwendung der Quantenmechanik auf. Normalerweise werden sie im Lauf der Berechnung wieder herausgekürzt, sodass nur reelle Zahlen übrigbleiben. Mit der Hawking-Hartle-Theorie verhält es sich etwas anders. Hier wird vorausgesetzt, dass die Zeit zu Beginn des Universums einen imaginären (im mathematischen Sinn) Charakter besaß, den sie dann verlor.

Der imaginären Zeit wird im Allgemeinen eine bestimmte Assoziation zugeordnet, sie ähnelt einer räumlichen Dimension. Das ist natürlich nicht sehr überraschend, denn wie wir gesehen haben, besitzen Zeit und Raum einige Gemeinsamkeiten. Beide können gemessen werden, und beide stehen für eine gewisse Distanz. Man kann also zum Beispiel sagen, dass sich ein Ereignis vor zehn Jahren oder in zehn Kilometern Entfernung zugetragen hat. Der Schluss, dass die Zeit den Charakter einer räumlichen Dimension annehmen könnte, wenn sie zu imaginärer Zeit wird, ist daher gar nicht so abwegig. Im Grunde bedeutet dies nur, dass eine Entfernungsangabe durch eine andere ersetzt wurde.

Man kann einzig darüber spekulieren, ob es die imaginäre Zeit tatsächlich gegeben hat; und es gibt keine Möglichkeit, ihre Existenz zu beweisen respektive zu widerlegen. Als ich im Rahmen meiner Recherche für ein anderes Buch mit Hartle sprach, betonte er, dass man die Hawking-Hartle-Theorie sehr wohl durch Beobachtungen überprüfen könne. Schließlich führe eine bestimmte anfängliche Entwicklung zu einem

Universum mit ganz bestimmten Eigenschaften. Ich vermute jedoch, dass sich nur wenige Physiker dieser Argumentation anschließen würden. Man kann wahrscheinlich mehrere theoretische Modelle entwickeln, die ein Universum wie das unsere hervorbrächten.

Vielleicht wird sich die Hawking-Hartle-Theorie eines Tages durchsetzen. Bis jetzt ist ihr dies jedoch nicht gelungen. Der britische Astrophysiker Michael Rowan-Robinson glaubt beispielsweise, der Big Bang sei mit 99-prozentiger Sicherheit die korrekte Beschreibung der Vorgänge im Universum nach der ersten Sekunde, während er der imaginären Zeit nur eine 1-prozentige Chance gibt, sich als Schritt in die richtige Richtung zu erweisen. Rowan-Robinson ist vielleicht etwas zu pessimistisch, die Hawking-Hartle-Theorie ist jedenfalls weit davon entfernt, allgemein akzeptiert zu werden.

Hawking ist das natürlich nicht entgangen; er möchte die imaginäre Zeit deshalb nur noch als *Vorschlag* bzw. als *Hypothese* verstanden wissen, und nicht mehr als *Theorie*. Dazwischen besteht ein deutlicher Unterschied. In der Wissenschaft gilt eine Theorie als etwas, das höchstwahrscheinlich korrekt ist, eine Hypothese dagegen hat viel mehr den Charakter einer Idee. Deshalb spricht man heute auch von Einsteins Relativitäts*theorie* und Darwins Evolutions*theorie*, die beide inzwischen weltweit akzeptiert werden.

Die Wertigkeit von Hawkings Vorschlag wird zusätzlich dadurch geschwächt, dass es auch andere mögliche Abläufe gibt, die das junge Universum durchgemacht haben könnte*, und die ohne unendliche Dichte auskommen. Hawking und Hartle haben sich ein imaginäres Universum erdacht, dessen Bezug zur Realität völlig unklar ist.

Hawking ist ähnlich kreativ wie Kopernikus, Galilei oder Einstein. Er hat auch noch andere Theorien bzw. Hypothesen entwickelt, die allgemeine Anerkennung finden, obwohl es

---

* Siehe auch mein Buch *Cosmic Questions* (Wiley, 1993).

bisher keinerlei experimentelle Nachweise gibt. Eine dieser Theorien besagt, dass Schwarze Löcher nach einer gewissen Zeit explodieren. Kein Mensch hat bis jetzt eine solche Explosion gesehen. Ein normales Schwarzes Loch hat eine viel höhere Lebenserwartung als unser Universum, die kurzlebigeren „Mini-Löcher", die nach Hawking beim Big Bang entstanden sein könnten, wurden bis jetzt noch nicht entdeckt. Trotzdem zweifelt kaum jemand an Hawkings These.

Der Kreativität eines Wissenschaftlers sind praktisch keine Grenzen gesetzt. Galileis Beharren auf dem heliozentrischen Sonnensystem und Einsteins Relativitätstheorie hatten etwas Zwingendes. Wer sich die Mühe machte, ihre Arbeit zu verstehen, erkannte, dass beide einfach Recht haben mussten. Hawkings Konzept der imaginären Zeit besitzt jedoch nicht dieselbe Plausibilität. Es scheint, als ob das von ihm und Hartle erschaffene Universum nur in ihren Köpfen existiert.

Zwei Fragen

Nach diesem vorläufigen Blick auf die Arbeitsweisen wissenschaftlicher Forschung sind bereits mehrere Fragen aufgetaucht: Wieso werden manche Theorien akzeptiert, auch wenn sie noch längst nicht experimentell bestätigt werden können? Wie konnten sich Galilei, Newton und Einstein ihrer Sache so sicher sein? Und worin besteht der genaue Unterschied zwischen einer Theorie, die als sehr wahrscheinlich eingeschätzt wird, und einer These wie die von Hawking und Hartle, die bloß das Produkt ihrer Fantasie zu sein scheint?

Ich bin nicht sicher, ob ich diese Fragen erschöpfend beantworten kann. Ich hoffe jedoch, Sie sind mit mir einer Meinung darüber, dass es sich lohnt, die kreative Forschung etwas genauer zu betrachten. Selbst wenn wir keine eindeutigen Schlüsse ziehen können, sollten wenigstens die Ähnlichkeiten von Wissenschaft und Kunst anschaulich werden.

Kapitel 2
Wie man Wissenschaft und Pseudo-wissenschaft unterscheidet

Es gibt wenig bzw. gar keine Hinweise darauf, dass die Hartle-Hawking-Theorie den Ursprung des Universums tatsächlich richtig beschreibt. Eine ganze Reihe anderer Theorien klingen genauso plausibel*, und so lange nicht mehr sichere wissenschaftliche Erkenntnisse vorliegen, hängt die Akzeptanz einer bestimmten Theorie einfach vom persönlichen Geschmack ab. So gesehen ist gegenüber all diesen Theorien eine gesunde Skepsis durchaus angebracht. Über Astrologie existiert mehr ernsthaftes Material als über die Idee von Hartle und Hawking. So haben Studien zum Beispiel ergeben, dass zwischen dem Geburtsdatum einer Person und dem Beruf, den diese später ergreift, ein Zusammenhang besteht. Ich möchte betonen, dass diese Studien sehr kontrovers diskutiert werden, da sie dem gängigen Konzept der Astrologie widersprechen, außerdem hat die umfassendste Studie über Astrologie – geleitet von Shawn Carlson vom Lawrence Berkeley Laboratory an der Universität von Kalifornien – ergeben, dass selbst der beste Astrologe keine präziseren Aussagen treffen kann als ein Zufallsgenerator. Aber: Ist wenig nicht besser als nichts?

Wissenschaftler sind sich jedenfalls darin einig, die Astrologie als Pseudowissenschaft abzutun, aber die Hartle-Hawking-Theorie ernst zu nehmen. Man muss sich also fragen, was die Wissenschaft an sich eigentlich ausmacht. Poppers Theorie von der Widerlegbarkeit hilft uns hier nicht weiter. Popper

---

* Eine nähere Erklärung findet sich in meinem Buch *Cosmic Questions*.

meinte, dass die Astrologie nicht falsifiziert werden könne und also keine Wissenschaft darstelle, doch aus heutiger Sicht scheint das Gegenteil der Fall zu sein. In nächster Zukunft wird im Übrigen auch die Hartle-Hawking-Theorie das Kriterium der Widerlegbarkeit kaum erfüllen. Um den Unterschied von Wissenschaft und Pseudo-Wissenschaft zu klären, müssen wir wohl andere Wege beschreiten.

Fast genauso einflussreich wie Poppers Werk war das 1962 erschienene Buch *The Structure of Scientific Revolution* von Thomas Kuhn. Der als Historiker an der Universität von Princeton arbeitende Kuhn diskutierte wissenschaftliche Paradigma und die Art, wie alte Schemata durch neue Ideen ersetzt werden. Sein Hauptaugenmerk lag dabei nicht auf der Unterscheidung von Wissenschaft und Pseudowissenschaft, doch behauptete er, dass sich die Wissenschaft im Gegensatz zur Pseudowissenschaft mit der Lösung von Problemen beschäftige. Hinsichtlich der Astrologie scheint dies zuzutreffen, aber ich glaube, dass das Kriterium in anderen Fällen versagt. Wenn man sich mit UFOs oder Kornkreisen beschäftigt, versucht man bestimmt, Rätsel zu lösen. Wissenschaftler argumentieren jedoch, dass man dann über Probleme nachdenkt, die gar nicht existieren. Es gibt zum Beispiel keinen triftigen Hinweis darauf, dass die Erde je von Außerirdischen besucht worden ist, auch Artefakte wurden nie gefunden. Wenn Sie dies für unwichtig halten, denken Sie einmal daran, was Menschen alles auf dem Mond zurückgelassen haben. Die Hinweise auf unsere Anwesenheit dort sind unmissverständlich. Abgesehen davon stammen zumindest einige der Kornkreise von ein paar Spaßvögeln. Die einfachste Erklärung für die Existenz der anderen ist, dass sie auf ähnliche Weise entstanden sind.

An dieser Stelle sollte ich vielleicht eine Gegendarstellung einfließen lassen. Ich bin kein Wissenschaftsphilosoph und habe auch nicht die Absicht, Poppers und Kuhns Theorien zu vertiefen. Mir geht es um die wissenschaftliche Vorstellungskraft. Dennoch muss ich auch ein paar Worte darüber verlieren, was nicht wissenschaftlich ist. Man kann nicht über wissenschaftliche Vorstellungskraft sprechen, ehe man nicht deutlich gemacht hat, was mit dem Begriff *wissenschaftlich* eigentlich gemeint ist.

Im Reich der Kunst scheint sich diese Frage nicht zu stellen. Sicherlich gibt es auf der Welt auch viel schlechte Kunst, die von großen Künstlern geschaffen wurde.* Trotzdem streitet im Allgemeinen niemand ab, dass es sich um Kunst handelt, sei sie auch noch so banal und handwerklich schlecht ausgeführt.

Welten auf Kollisionskurs

Ich werde gleich auf die Wissenschaft zurückkommen, aber vorher möchte ich noch ein anderes Beispiel für Pseudowissenschaft anführen. Die Ideen des Immanuel Velikovsky sind inzwischen zwar nicht mehr so bekannt, erregen aber immer noch ein gewisses Maß an Aufmerksamkeit. Im Jahr 1950 erschien sein Buch *Worlds in Collision*. Nach Velikovsky war die Venus ein Komet, der etwa 1500 v. Chr. von Jupiter ausgestoßen wurde und dann durch unser Sonnensystem taumelte. Dabei kam sie der Erde mehrere Male bedenklich nahe. Durch eine Kollision mit Mars fiel sie schließlich in die fast kreisrunde Umlaufbahn, auf der sie sich noch heute bewegt. Die Beinahe-Zusammenstöße mit der Erde waren vermutlich Ursache für einige Katastrophen, die im Alten Testament und in Mythologien erwähnt werden. In der Mythologie lag nach Veli-

---

* Ich kann nicht anders, als hier eine meiner Lieblingsanekdoten über Pablo Picasso zu erzählen (wie alle Anekdoten hat sie den Vorteil, nicht nachprüfbar zu sein). Ein Pariser Kunsthändler gelangte einst in den Besitz eines Picassos, zweifelte aber die Echtheit des Bilds an. Also brachte er es zu dem Künstler selbst. Picasso warf einen kurzen Blick darauf und sagte: „Es ist eine Fälschung." Später stellte sich heraus, dass es doch echt war, woraufhin der Händler Picasso Vorwürfe machte. „Ich male oft Fälschungen", entgegnete dieser.

kovsky der Schlüssel zum Ursprung der Venus. Nach der Mythologie wurde zum Beispiel Athene aus der Braue des Zeus
geboren. Da sich dies als relativ schwierig herausstellte,
sprang Hermes zu Hilfe, der nicht nur der Gott der Diebe, sondern auch ein praktischer Physiker war, und spaltete die Stirn
des Zeus mit einem Keil. Der Öffnung entstieg Athene daraufhin in voller Rüstung.

Nun assoziiert man eigentlich Aphrodite und nicht Athene
mit dem Planeten Venus. Davon ließ sich Velikovsky aber
überhaupt nicht beeindrucken, seiner Ansicht nach repräsen-
tierte Athene ursprünglich Venus, während Aphrodite die Göt-
tin des Monds gewesen war. Ein Beinahe-Zusammenstoß mit
der Erde, so fährt Velikovsky fort, war für die biblischen Pla-
gen verantwortlich, die in Ägypten wüteten, nachdem sich der
Pharao geweigert hatte, die Israeliten gehen zu lassen. Venus
bewirkte auch die Teilung des Roten Meers und sorgte dafür,
dass das Manna vom Himmel fiel.

Nun könnte man Velikovsky vorwerfen, dass er Mythen ein
bisschen zu ernst genommen hat. Seine Kritiker nämlich taten
genau dies. Eine andere Vorhersage Velikovskys bestätigte sich
jedoch, als eine sowjetische Sonde in den späten 60er Jahren in
die Atmosphäre der Venus eintrat. Die gesammelten Daten bewiesen, dass Oberfläche und Atmosphäre der Venus sehr heiß
sind, genau wie es Velikovsky behauptet hatte. Wissenschaftler
hatten bis dahin angenommen, dass es auf der Venus eher kalt sei.

Als die Wissenschaft mit den Beweisen für Velikovskys
Theorie konfrontiert wurde, musste sie da nicht beginnen, ihn
ernster zu nehmen? Natürlich nicht! Sie hielten ihn vorher für
einen Wirrkopf, und sie halten ihn danach immer noch für einen Wirrkopf. Am Ende wurden sie in ihrer Ansicht bestätigt.
Es stellte sich nämlich heraus, dass Velikovskys Vorhersagen
nicht sehr genau waren. Prinzipiell erwartet man von wissenschaftlichen Theorien, dass sie mit Zahlen arbeiten. Velikovsky hatte zwar behauptet, dass es heiß auf der Venus sei, aber
nicht, wie heiß. Nach seiner Vorstellung müsste sich der Pla-

net abkühlen. Das tut er nicht. Schließlich wurde in den 70er Jahren nachgewiesen, dass die Venus nicht deshalb heiß ist, weil sie einmal ein Komet war, sondern weil sie einem Treibhauseffekt unterliegt.

Andere Vorhersagen von Velikovsky erwiesen sich als vollkommen haltlos. So hatte er behauptet, dass die Wolken der Venus aus Kohlenwasserstoff bestehen. 1973 fand man heraus, dass sie sich tatsächlich aus verdampfter Schwefelsäure zusammensetzen. Die Atmosphäre der Venus besteht zu 93 Prozent aus Kohlendioxid. Es finden sich auch Stickstoff, Wasserdampf und Kohlenmonoxid in ihr, aber keinerlei Kohlenwasserstoff.

Velikovsky hatte seine Gründe dafür, Kohlenwasserstoff auf der Venus zu vermuten. Dies sollte nämlich die Ursache für das Manna sein, das im ägyptischen Hinterland vom Himmel fiel und die Israeliten vor dem Hungertod bewahrte. Als problematisch erweist sich jedoch, das Kohlenwasserstoff nicht unbedingt ein geeignetes Nahrungsmittel ist. Der einfachste Kohlenwasserstoff ist Methan, der unter anderem bei Gasherden verwendet wird. Komplexere Verbindungen finden sich etwa in Rohöl. Wenn man Petroleum raffiniert, erhält man feste Rückstände, die ebenfalls aus Kohlenwasserstoff bestehen. Man nennt es Asphalt. Vielleicht verspeiste Velikovsky ja mit Vorliebe ein Stück Straßenbelag. Ich tue das jedenfalls nicht, und ich vermute, Sie auch nicht. Vielleicht kannte er aber auch einfach den Unterschied zwischen Kohlenwasserstoff und Kohlenhydraten nicht.

Untersucht man seine Theorie ein bisschen näher, stößt man noch auf weitere Ungereimtheiten. Velikovsky hatte behauptet, dass die Venus von Jupiter abstamme. Die notwendige Energie, um einen Körper von solcher Größe abzustoßen, ist größer als die, die von der Sonne im Lauf eines ganzen Jahres abgegeben wird. Velikovsky gab jedoch nicht an, woher diese Energie kommen sollte. Er erklärte nicht, welche Kraft Venus und Erde dazu bringt, monatelang in geringer Entfernung voneinander zu bleiben, und er hatte auch keine genaue Vorstellung davon, warum sie nicht kollidieren. Velikovsky führte diesen Umstand auf sich abstoßende Magnetfelder zurück. Das Magnetfeld der Erde ist aber so schwach, dass es selbst eine Kompassnadel nur dann ausrichten kann, wenn diese auf einer Nadelspitze gelagert wird. Die Venus besitzt überhaupt kein messbares Magnetfeld. Selbst wenn wir annehmen, dass etwas die Kollision zwischen Erde und Venus verhindert hat, wissen wir nicht, wie sie die gegenseitige Nähe hätten überstehen sollen. Die Gezeitenkräfte wären so stark gewesen, dass sie beide Planeten zerrissen hätten.

Wenn man Velikovskys Theorie akzeptieren will, muss man seit langem bestehende Grundlagen der Physik, Chemie, Astronomie und Biologie ignorieren. Immerhin setzt sie voraus, dass es eine unbekannte Kraft gibt, die so groß ist, dass sie ein Objekt vom Umfang eines Planeten aus einem anderen herausreißen kann. Außerdem müssten die Gezeitenkräfte außer Kraft gesetzt werden, es müsste ominöse Kräfte geben, die Planeten eine Zeit lang beieinander halten und dann wieder auseinandertreiben lassen, und es müssten Magnetfelder aus ungeklärten Gründen an Intensität plötzlich enorm zunehmen. Im Übrigen basiert die Theorie auch noch auf der Verträglichkeit der Inhaltsstoffe von Rohöl. Um dies zu glauben, muss man schon die Entwicklung der Wissenschaft über viele Jahre hinweg übergehen.

Und genau das ist das Problem. Velikovskys Theorie erklärt keine bekannten Naturphänomene, ihr zu folgen würde bedeuten, dass das gesamte, über Jahrhunderte hinweg mühsam angesammelte Wissen schlichtweg falsch ist. Man kann hier also nicht nur von einer Pseudowissenschaft, sondern sogar von Anti-Wissenschaft sprechen.

Galilei hatte auch nicht mehr Belege für die Richtigkeit von Kopernikus' Theorie als Velikovsky für seine eigene. Aber er war scharfsichtig genug, um zu erkennen, dass mit dem kopernikanischen System plötzlich alle Zusammenhänge erklärbar wurden. Schon damals glaubten nur wenige Astronomen, die mit dem konkurrierenden ptolemäischen System arbeiteten, dass dieses wirklich die Natur getreu abbildete. Allerdings bietet es ihnen eine Möglichkeit, Planetenpositionen halbwegs genau vorherbestimmen zu können. Und außerdem waren die meisten anderen damals gebräuchlichen astronomischen Systeme ähnlich genau bzw. ungenau.

Das kopernikanische System war nicht fehlerfrei. Dennoch bot es den Astronomen erstmals die Gelegenheit, astronomische Phänomene intuitiv zu erklären. Kopernikus' Theorie hielt zwar keine Erklärung dafür bereit, *warum* die Erde sich um die Sonne drehen sollte – das fand Newton später heraus –, aber es verlieh vielen Beobachtungen Sinn. Galilei stellte die Systeme von Ptolemäus und Kopernikus einander gegenüber und schloss, dass nur das Letztere korrekt sein konnte.

Relativität

Viele Wissenschaftler hielten die von Einstein 1905 veröffentlichte Spezielle Relativitätstheorie zunächst einmal für sehr merkwürdig. Dennoch behauptete niemand, dass Einstein hier mit einer pseudowissenschaftlichen Theorie aufgewartet hätte. Im Gegensatz zu der vorherrschenden Ansicht wollte Einstein die bestehenden Theorien keineswegs widerlegen. Vielmehr half seine Theorie bei der Klärung seit langem bestehender Fragen. So war die von dem schottischen Physiker James Clerk Maxwell aufgestellte Theorie von Elektrizität und Magnetismus weitgehend anerkannt. Sie erklärte nicht nur das Verhalten von Magneten und deren Wechselwirkung mit Elektrizität, sondern auch das Wesen des Lichts. Das Licht, so glaubten die Physiker, bestand aus Wellen; die wiederum bestanden aus oszillierenden elektrischen und magnetischen Feldern. Diese Theorie war in zahllosen Experimenten bestätigt worden.

Dennoch gab es Schwierigkeiten. Wenn man zum Beispiel einen Magnet durch eine Drahtschleife bewegt, wird Strom in-

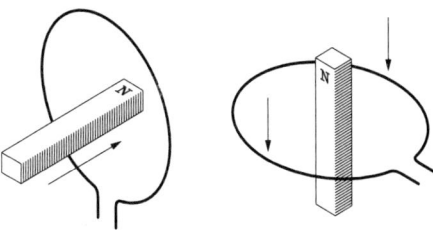

Abb. 3: Eine elektromagnetische Paradoxie. Wenn man einen Magneten durch eine Drahtschleife bewegt, wird in der Schleife ein Strom induziert. Dasselbe passiert, wenn man die Schleife um den Magneten bewegt. Die klassischen Gesetze von Elektrizität und Magnetismus sprechen hier aber von zwei verschiedenen Sachverhalten. Im ersten Fall entsteht ein wechselndes Magnetfeld (weil der Magnet bewegt wird), im zweiten Fall bleibt das Magnetfeld stabil. Einstein konnte diese Paradoxie mit Hilfe der Speziellen Relativitätstheorie auflösen.

duziert. Dasselbe passiert, wenn die Drahtschleife bewegt wird und nicht der Magnet.

Man wusste schon seit Galileis Zeiten, dass die relative Bewegung entscheidend ist. Wenn man von einer abgeschossenen Patrone getroffen wird, führt das zum selben Ergebnis, als wenn man selbst auf die Patrone geschossen würde. Und wenn zwei Autos mit einer relativen Geschwindigkeit von 150 km/h aufeinandertreffen, spielt es für den Schaden keine Rolle, wie schnell die einzelnen Autos waren. Der Schaden wird bei beiden gleich groß sein.

Einstein veröffentlichte seine ersten Entwürfe zur Relativität unter dem wenig spektakulären Titel „Zur Elektrodynamik beweglicher Körper". Darin zeigte er, wie dieses alte Problem zu lösen ist. Einstein betonte häufiger, dass seine Spezielle Relativität eigentlich dazu da sei, experimentell gewonnene Ergebnisse zu erklären. Wenn einige seiner Folgerungen seltsam erschienen – etwa, dass sehr schnelle Objekte in Bewegungsrichtung zu kontrahieren scheinen und dabei gleichzeitig an Masse zunehmen –, dann nur deshalb, weil die Theorie manchen Gebieten der Physik eine neue Basis schuf.

Viele glaubten, Einstein hätte Newtons Bewegungs- und Gravitationsgesetze zu widerlegen versucht. Tatsächlich war das Gegenteil der Fall. Man kann Newtons Gesetze aus der Relativität ableiten, wenn man voraussetzt, dass die Geschwindigkeiten der Körper im Vergleich zur Lichtgeschwindigkeit sehr klein sind. Newtons Gravitationsgesetz erweist sich somit als Bestandteil der Allgemeinen Relativitätstheorie; es gilt, wenn die Magnetfelder nicht sehr stark sind. Heutzutage wird sogar eher Newtons als Einsteins Formel verwendet. Es wäre zum Beispiel unsinnig, mit Hilfe von Einsteins oft äußerst komplizierten Gleichungen zu versuchen, den Kurs einer Raumfähre zu berechnen. Die Differenz der Ergebnisse, die mit Newtons bzw. mit Einsteins Formeln erzielt würden, ist einfach zu gering. Einsteins Formeln sind erst dann erforderlich, wenn man es mit sehr starken Schwerkraftfeldern zu tun hat, wie sie etwa in der Nähe eines Schwarzen Lochs auftreten.

Einsteins Theorien wurden akzeptiert, weil sie den bisherigen Erkenntnissen nicht widersprachen und außerdem einige ärgerliche Unregelmäßigkeiten erklärten. Ich habe bereits auf die Induktion von elektrischem Strom in einem Draht hingewiesen. Ein anderer Fall ist die Umlaufbahn des Merkur, die nicht so elliptisch ist, wie sie es nach Newton eigentlich sein sollte. Normalerweise sind Umlaufbahnen nicht stabil, sondern schwanken um die Sonne herum. Dieses Phänomen war schon seit längerem bekannt. Anfang des 20. Jahrhunderts glaubte man, dass ein Planet innerhalb der Merkurbahn die Ursache dafür sei. Man hatte diesem hypothetischen Planeten sogar einen Namen gegeben – Vulkan – und lange nach ihm gesucht. Die Suche blieb natürlich ohne Ergebnis. Einstein zeigte, dass die Bahn des Merkur (er ist der Sonne am nächsten und erfährt deshalb die stärksten Gravitationskräfte) genau so aussieht, wie sie sein soll.

Eine gute wissenschaftliche Theorie verbindet mehrere Fakten auf harmonische Weise. Sie vermag eventuell, Unregelmäßigkeiten auszuräumen, die Wissenschaftler schon jahrelang verunsichern. Häufig trifft sie Vorhersagen über bisher noch nicht beobachtete Phänomene. Ein gutes Beispiel dafür ist die moderne Kernphysik. Die Existenz der meisten bekannten subatomaren Teilchen wurde von Theorien vorhergesagt, bevor man sie experimentell nachweisen konnte. Quarks, aus denen sich Protonen und Neutronen zusammensetzen, waren anfangs nicht mehr als eine theoretische Vorstellung, für viele noch exotischere Teilchen gilt dasselbe. Ihre Existenz wurde erst Jahre später konfirmiert.

Schlechte Wissenschaft

Wenn eine Idee wissenschaftlich anmutet, muss sie deshalb noch längst nicht auf wissenschaftlichen Prinzipien beruhen. Ein klassisches Beispiel dafür ist die Entdeckung der N-Strahlen durch den französischen Physiker René Blondlot im Jahr 1903. Falls Sie noch nie etwas von N-Strahlen gehört haben, machen Sie sich nichts daraus. Sie existieren nämlich gar nicht. Blondlot, Mitglied der Französischen Akademie der Wissenschaften und beileibe kein Chaot, war jedoch anderer Meinung.

Nachdem 1895 die Röntgenstrahlen entdeckt worden waren, gelang es Blondlot, mit Hilfe einiger Experimente eine unter Physikern virulente Frage zu beantworten: Bestehen Röntgenstrahlen aus subatomaren Teilchen, oder waren sie elektromagnetische Strahlung wie Radiowellen und Licht? Bei seiner Arbeit stieß er auf mehrere interessante elektrische Phänomene. Anfangs dachte er, dass die Röntgenstrahlen dafür verantwortlich seien. Dies erwies sich aber als unmöglich. An diesem Punkt vollführte Blondlot einen Gedankensprung. Er war nicht so groß wie bei Galilei und Einstein, aber dennoch ein Akt kreativer Fantasie. Wenn die Röntgenstrahlen nicht der Grund für die Phänomene waren, musste es eine andere Form von Strahlung sein. Dieser unbekannten Strahlung gab er den Namen N-Strahlen.

Kurz nachdem Blondlot seine Ergebnisse veröffentlicht hatte, begannen andere Wissenschaftler, damit zu arbeiten. Sie fanden heraus, dass N-Strahlen zwar Materialien wie Holz, Papier und dünne Metallstreifen aus Zinn, Silber und Gold mühelos durchdringen konnten, nicht aber Wasser oder Steinsalz. Dann stellte man fest, dass menschliche Körper, auch tote, N-Strahlen abgaben. Man begann, über die medizinischen Verwendungsmöglichkeiten von N-Strahlen nachzudenken. Es schien keine Argumente dagegen zu geben, mit Hilfe von N-Strahlen innere Organe zu untersuchen.

Dennoch gab es Skeptiker. So gelang es zum Beispiel nicht, die Ergebnisse von Blondlot und anderen Wissenschaftlern zu wiederholen. Man versuchte, N-Strahlen in anderen Laboratorien zu erzeugen und nachzuweisen, fand aber nichts. Es regten sich zunehmend Zweifel gegenüber der Existenz dieser neu entdeckten Strahlen.

Einer der Kritiker war der amerikanische Physiker Robert Williams Wood. Allerdings schrieb er nicht darüber, sondern besuchte 1905 Blondlot in seinem Labor. Er konnte dessen Beobachtungen (damals verließen sich Wissenschaftler noch stärker auf visuelle Wahrnehmungen) leider nicht nachvollziehen. Als Blondlot gerade wegsah, veränderte er einige Einstellungen am Versuchsaufbau, die eine Beobachtung von N-Strahlen unmöglich machen mussten. Blondlot behauptete aber weiterhin, ihre Existenz wahrnehmen zu können.

Hier müsste diese Geschichte eigentlich zu Ende sein, ist sie aber nicht. Auch nachdem Wood bewiesen hatte, dass N-Strahlen nicht existieren, arbeiteten französische Wissenschaftler weiter mit Blondlots Ergebnissen. Manche behaupteten sogar, dass man Franzose sein müsse, um die notwendigen visuellen Fähigkeiten für die Wahrnehmung von N-Strahlen zu besitzen. Die Sinne der Briten hätten unter dem ständigen Nebel gelitten, während die deutschen Forscher aufgrund ihres exzessiven Bierkonsums nicht mehr richtig sehen könnten. Erst als Blondlot sich weigerte, an einem von dem französischen

Magazin *Revue scientifique* vorgeschlagenen Experiment teilzunehmen, das die Existenz der N-Strahlen nachweisen sollte, ließ das Interesse daran schließlich nach.

Blondlots Erforschung der N-Strahlen führte zwar zu falschen Ergebnissen, war aber nichtsdestoweniger wissenschaftlich. Röntgenstrahlen und Radioaktivität waren gerade erst entdeckt worden, und es gab keinen Grund dafür, anzunehmen, dass nicht noch mehr Formen von Strahlung existieren sollten. Zugegeben, Blondlots Forschung gründete auf einer etwas subjektiven Interpretation der Beobachtung wechselnder Helligkeit einer elektrischen Entladung. Ein Phänomen, das jedoch häufiger auftrat. Zu Anfang des 19. Jahrhunderts besaßen die Forscher noch nicht die Instrumente von heute, visuelle Beobachtungen galten deshalb als ausreichend. Blondlot sah etwas, das er unbedingt sehen wollte. Eine Form der Selbsttäuschung, der selbst Einstein unterlag.

Einstein besaß eine ausgezeichnete Intuition auf seinem Gebiet. Sie erlaubte ihm die Lösung komplexer Probleme und half ihm bei der Entwicklung seiner Theorien. Seine Intuition sagte ihm, dass die Allgemeine Relativität stimmen *musste*. Alles andere erschien ihm unlogisch. Und tatsächlich wurden seine Überlegungen wieder und wieder bestätigt. Das geschah allerdings nicht durchweg zu seinen Lebzeiten. Die experimentellen Nachweise der Allgemeinen Relativität gelangen erst nach Einsteins Tod. In der Wissenschaft war man aber von der Gültigkeit der Theorie schon viel früher überzeugt.

Manchmal wurde Einstein von seiner Intuition jedoch auch in die Irre geführt. Denken Sie nur daran, wie er „bewies", dass Schwarze Löcher nicht existieren. Auch sein Versuch, die Struktur des Universums mit der Allgemeinen Relativität zu erklären, scheiterte. Da er glaubte, das Universums sei statisch und unveränderlich, versuchte er es mit einer mathematischen Formel. Leider unterliefen ihm dabei einige elementare mathematische Fehler, die später von anderen Physikern korrigiert wurden.

In der Welt der Kunst verfährt man auf ähnliche Weise. Künstler werden im Allgemeinen zu Recht nach ihrem besten und nicht nach ihrem schlechtesten Werk beurteilt. Trotzdem würde kaum jemand behaupten, dass Beethovens Ouvertüre „Wellingtons Sieg" ein Meisterwerk oder Shakespeares *Titus Andronicus* kein schlechtes Stück ist. Es könnte natürlich sein, dass tatsächlich mehrere Autoren an Shakespeares Tragödie mitgewirkt haben. Dieses Gerücht basiert aber teilweise auf der Annahme, dass Shakespeare selbst unmöglich etwas so Schlechtes geschrieben haben kann. Beweise existieren allerdings nicht.

Ich werde auf die Parallelen zwischen wissenschaftlicher und künstlerischer Arbeit später noch einmal eingehen, ohne daraus bestimmte Schlüsse ziehen zu wollen. Diese beiden Betätigungsfelder sind so unterschiedlich, dass ihre Gemeinsamkeiten nicht so einfach zu erläutern sind. Ich komme hier nur deshalb darauf zu sprechen, um zu verdeutlichen, dass auch die Wissenschaft auf schöpferischen Kräften beruht. Im Gegensatz zu Kunstwerken müssen ihre Ergebnisse aber früher oder später experimentell bestätigt werden, damit sie Gültigkeit erhalten. Es sollte zumindest klar geworden sein, dass wissenschaftliche Theorien keine Verallgemeinerungen von Beobachtungen sind. Vielmehr ist es die Theorie, die vorherbestimmt, zu welchen Ergebnissen die Experimente führen sollen.

Parapsychologie

Es gibt schlechte Wissenschaft, weil die wissenschaftliche Vorstellungskraft nicht unfehlbar ist. Die Grenzen sind wie in so vielen Fällen fließend. Parapsychologie wird beispielsweise als Pseudowissenschaft oder auch als fehlgeleitete, wissenschaftliche Fantasie bezeichnet.

Kritiker der Parapsychologie weisen vermehrt darauf hin, dass Fähigkeiten wie Telepathie, Hellseherei, Präkognition usw.

niemals nachhaltig demonstriert worden sind. Das ist natürlich ein schlagkräftiges Argument. Ich spreche hier von Labortests, nicht von den angeblichen übernatürlichen Kräften eines selbsternannten Mediums. Diese erhalten zwar von der Presse viel Aufmerksamkeit, spielen für uns hier aber keine Rolle. Ich beschränke mich auf die Diskussion seriöser Studien.

Parapsychologie ist ein Auswuchs der spirituellen Bewegung, die in der zweiten Hälfte des 19. Jahrhunderts ihren Anfang nahm. Als 1892 in London die Society of Psychical Research gegründet wurde, begann man, parapsychologische Phänomene ernsthaft zu untersuchen. In den USA nahm die Etablierung der Parapsychologie in den 1930er Jahren mit den Studien von J. B. Rhine von der Duke University ihren Anfang. Sie wurden Anfang der 60er Jahre eingestellt, als Rhine in den Ruhestand ging.

Viele der frühen ASW-Experimente (= außersinnliche Wahrnehmung) wurden unter mangelhaften wissenschaftlichen Bedingungen durchgeführt. Man traf kaum Vorkehrungen, um einen Betrug des Mediums oder Fehler bei der Durchführung zu verhindern. Rhine reagierte auf die Kritik konventioneller Wissenschaftler mit verschärften Bedingungen, was zu einer dramatischen Abnahme der „Beweise" für ASW führte. Man kann leider sagen, dass Rhines 30 Jahre währende Forschungen zu nichts geführt haben außer zu Skandalen. So wurde Rhines Nachfolger als Direktor des Instituts für Parapsychologie, Walter J. Levy jr., 1974 des Betrugs überführt. Drei seiner Angestellten hatten ihn dabei erwischt, wie er die Daten eines seiner Experimente fälschte. Man muss Rhine zugute halten, dass er es war, der den Skandal an die Öffentlichkeit brachte. Trotzdem geriet dieses Randgebiet der Wissenschaft dadurch natürlich noch stärker ins Zwielicht.

Parapsychologische Untersuchungen wurden trotzdem fortgesetzt. Viele davon fanden am Stanford Research Institute (SRI, nicht zu verwechseln mit der Stanford Unversity) in Kalifornien statt. Auch der israelische Bühnenmagier und Zauberkünstler Uri Geller wurde im SRI getestet. Die Forscher selbst zeigten sich beeindruckt.* Ihre Ergebnisse waren jedoch nicht sehr überzeugend. Selbst Rhines Experimente besaßen mehr Gewicht, da er sich immer um Seriosität und objektive Beweisführung zumindest bemüht hatte.

Über die Geschichte der Parapsychologie ließe sich hier noch einiges sagen. Autoren wie Martin Gardner haben sich intensiv damit beschäftigt. Mir geht es aber um die Frage, warum die Forschung auf diesem Gebiet von fast allen Wissenschaftlern anderer Fakultäten abgelehnt wurde. Schließlich spricht eigentlich nichts dagegen, paranormale Aktivitäten gründlicher zu erforschen, auch wenn es keine definitiven Ergebnisse gab. Und genau dies versuchen Parapsychologen ja auch.

Die Parapsychologie wird deshalb allgemein nicht ernst genommen, weil es keine Theorie dafür gibt, die erklärt, wie Telepathie, Hellseherei und Psychokinese funktionieren sollen. Dasselbe gilt für Präkognition, allerdings mit der zusätzlichen Schwierigkeit, dass jemand, der daran glaubt, davon ausgehen muss, dass die Zukunft irgendwie die Gegenwart beeinflussen kann. Wenn man aber weiß, was morgen passiert, wird man womöglich sein Verhalten heute entsprechend darauf einstellen.

Die Ablehnung der Parapsychologie darf nicht als Zeichen dafür missverstanden werden, dass Wissenschaftler grundsätzlich skeptisch gegenüber neuen Ideen sind. Wer die Geschichte der modernen Physik kennt, besonders das objektiv gesehen paradoxe Gebiet der Quantenmechanik**, wird das bestäti-

---

* Als Geller in der Johnny-Carson-Show auftrat, konnte er bedauerlicherweise seine paranormalen Fähigkeiten nicht unter Beweis stellen. So mancher hat laut darüber nachgedacht, ob Geller vielleicht befürchtet habe, dass Carson ihn durchschauen könnte, da er selbst früher als Magier gearbeitet hatte.

** Ich verwende hier den Ausdruck *objektiv gesehen*, weil die Quantenmechanik genaue quantitative Vorhersagen hervorbringt. Es ist zwar schwierig, zu sagen, was sie wirklich bedeutet, aber sie gilt dennoch als außergewöhnlich erfolgreiche wissenschaftliche Theorie.

gen. Es wird behauptet, dass der große dänische Physiker Niels Bohr eine Theorie einstmals abgelehnt hat, weil sie ihm „nicht verrückt genug" erschien. In der Tat lehnt man die Parapsychologie ab, weil es keine theoretische Grundlage für sie gibt. Die Befürworter glauben zwar an ASW, können aber nicht erklären, wie sie funktioniert.

Eine ähnliche Einstellung findet sich in der Medizin. Wenn Ärzte neue, alternative Behandlungsmethoden ablehnen, ist das nicht gleich ein Indiz für ihre Engstirnigkeit. Tatsächlich sind einige sehr merkwürdig anmutende Therapieformen inzwischen integrierte Bestandteile der modernen Medizin geworden. Wundbrand wird zum Beispiel sehr effizient durch die Einbringung von bestimmten Maden in die Wunde behandelt. Die Maden fressen das angegriffene Gewebe und lassen nur gesundes zurück. Andererseits lehnen fast alle Schulmediziner die Homöopathie ab. Homöopathie basiert auf der Verwendung von verdünnten Wirkstoffen. Teilweise werden diese so stark verdünnt, dass kein einziges Atom in der angeblich heilsamen Lösung zurückbleibt. Die Homöopathie wird kritisch beurteilt, weil es wenig Beweise für ihre Heilkraft und ihre Wirksamkeit gibt.

Man hat wirklich versucht, ASW mit Hilfe der Quantenmechanik zu erklären. Das mag unglaublich klingen, weil sich die Quantenmechanik mit dem Verhalten von subatomaren Teilchen beschäftigt und nicht mit unseren geistigen Fähigkeiten. Physiker sind deshalb auch nicht besonders beeindruckt davon. Ich vermute, dass die meisten von ihnen Martin Gardner beipflichten würden, der diese Versuche für Quacksalberei hält.

Grundsätzlich wird die Realität außersinnlicher Wahrnehmung angezweifelt, weil man sie nicht mit Hilfe anerkannter Theorien erklären kann. Ein weiterer Beleg für den Vorrang der Theorie – der Kreativität des Geistes – in der Wissenschaft. Selbst eine sehr umfassende Theorie ist leichter zu akzeptieren, bevor sie in der Praxis überprüft worden ist, als ein Experiment ohne theoretische Grundlage. Wenn man sich eingehend mit Naturwissenschaften beschäftigt, gelangt man automatisch zu der Einsicht, dass die Produkte der menschlichen Fantasie überzeugender sind als das visuell Offensichtliche. Letztlich kann eine Theorie nur anhand von Experimenten bestätigt oder widerlegt werden. Dies ist allerdings das Ende und nicht etwa der Anfang eines kreativen Prozesses.

Driftende Kontinente

Jeder kennt den Mythos des unverstandenen Wissenschaftlers, der von seinen Kollegen ausgelacht, aber später rehabilitiert wird, gemeinhin erst nach seinem Tod. Nun, das ist tatsächlich ein Mythos. In der Geschichte sind solche Beispiele kaum zu finden. Viel typischer sind Lebensläufe wie die von Albert Einstein. Viele Wissenschaftler zweifelten die Spezielle Relativitätstheorie anfangs an. Dennoch wurde sie immerhin so ernst genommen, dass man begann, mit ihr zu arbeiten. Schließlich hatte Einstein sich auf anderen Gebieten der Physik bereits einen Namen gemacht. Im selben Jahr, als er die Spezielle Relativitätstheorie vortrug, hatte er schon eine theoretische Schrift publiziert, in der er die Existenz von Atomen nachwies. In dieser Zeit hielten die meisten Forscher dies für eine interessante Idee, wenngleich sie nichts mit der Realität zu tun habe.

Selbstverständlich gibt es auch den Fall, dass eine Theorie zuerst abgelehnt wurde und später Anerkennung erfuhr. Ein Beispiel dafür ist die Hypnose. Als der englische Physiker James Braid sich mit Hypnose auseinanderzusetzen begann und Mitte des 19. Jahrhunderts seine ersten Ergebnisse veröffentlichte, war er starken Anfeindungen ausgesetzt. Das lag aber hauptsächlich daran, dass man Hypnose immer noch mit dem Wiener Physiker Franz Mesmer aus dem 18. Jahrhundert assoziiert. Mesmer hatte Hypnose als „tierischen Magnetismus" bezeichnet und hielt sie für eine okkulte Kraft. Außerdem war Mesmer eigentlich eine Art Scharlatan. Wenn er seine Patienten behandelte, trug er häufig einen weiten, fließenden violetten Umhang und einen eisernen Stab in Form eines Zepters. Kein Wunder, dass Forscher und Mediziner auch zu Braids Zeiten der Hypnose gegenüber voller Vorbehalte waren. Vielleicht hatten sie damit auch ganz Recht. Bis heute zweifeln manche Psychologen die Wirksamkeit der Hypnose an.

Ein weiteres Exempel liefert der Lebenslauf von Alfred Wegener, des deutschen Meteorologen, der die Theorie der Plattentektonik oder Kontinentaldrift entwickelte. Heute ist man der Auffassung, dass sich die Kontinente der Erde über ihre Oberfläche bewegen. Wenn sie zusammenstoßen, entstehen Gebirge. Treiben sie voneinander fort, hinterlässt dies Spalten. Betrachtet man sich die Kontinente auf der Südhalbkugel, fällt unwillkürlich auf, dass die Küstenlinien von Afrika und Südamerika so aussehen, als würden sie genau zusammenpassen. Wenn das der Fall ist, müssen sie über lange geologische Zeiträume auseinandergedriftet sein. Was liegt also näher, als nach weiteren Hinweisen auf eine frühere Verbindung dieser beiden Kontinente zu suchen?

Wegener fand eine ganze Reihe von Anzeichen, die seine Theorie bestätigten. Als 1915 sein Buch *Die Ursprünge der Kontinente und Ozeane* verlegt wurde, hatte man zuvor ähnliche Fossilien auf verschiedenen Erdteilen entdeckt, beispielsweise Überreste des Mesosaurus, eines Reptils, dass im Paläozoikum lebte (eine Epoche, die vor 245 Millionen Jahren endete), in Brasilien und in Südafrika, aber nirgendwo sonst.

Wegener entdeckte auch Gemeinsamkeiten zwischen lebenden Kreaturen. Lemuren gab es in Indien und Afrika, und auch die Schlange *Helix Pomatia* fand man auf verschiedenen Kontinenten.

Biologen und Geologen waren sich dieser Fakten wohl bewusst. Trotzdem hielten sie an der Theorie von Landverbindungen fest, die einmal zwischen den Kontinenten existiert hätten und über die die Tiere gewandert sein sollten. Später, so sagte man, seien diese Brücken abgesunken.

Wegener wollte an diese Theorie nicht recht glauben. Es gab keinerlei Hinweise auf Landbrücken, und man konnte auch nicht erklären, warum sie versunken sein sollten. Die Krusten der Kontinente bestehen aus Granit, der leichter ist als das Basaltgestein auf dem Grund der Ozeane. Hätten die Landbrücken auch aus Granit bestanden – und woraus sonst –, bedeutete dies, dass leichtes in schwereres Gestein hineingesunken wäre.

Wegener sah die Kontinente als große Flöße an, die auf schwererem Material trieben. Unterstützung für seine Theorie fand er in einer Entdeckung, die gegen Ende des 19. Jahrhunderts gemacht worden war. Damals hatte man herausgefunden, dass sowohl Kanada als auch Skandinavien sich um etwa einen Zentimeter pro Jahr hoben. Offensichtlich waren sie durch das Gewicht des Eises, dass sie während der letzten Eiszeit bedeckt hatte, nach unten gedrückt worden und tauchten nun wieder auf.

Wenn sich die Kontinente in vertikaler Richtung bewegen konnten, überlegte Wegener, gab es keinen Grund, warum das nicht auch in horizontaler Richtung möglich sein sollte. Allein mit dieser Hypothese wollte er sich aber nicht zufrieden geben. Er machte sich auf die Suche nach Beweisen und war schon nach kurzer Zeit erfolgreich. Die „angrenzenden" Teile von Afrika und Südamerika wiesen dieselben Gesteinszusammensetzungen auf. Außerdem passten einzelne Gebirgszüge zusammen, wenn man die Kontinente quasi aneinanderlegte. Die Gebirge im Osten Kanadas schienen eine Verlängerung der Bergketten in Norwegen und Schottland zu sein, die Gebirgszüge Argentiniens ließen sich nahtlos an die Berge am südafrikanischen Kap anpassen. Es war, als ob man ein zerrissenes Blatt Papier wieder zusammenkleben wollte.

Nun könnte man meinen, dass diese Menge an Beweisen ausgereicht hätte, um Wegeners Kollegen zu überzeugen, das aber war nicht der Fall. Mitte der 1920er Jahre regte sich zunehmender Widerstand gegen Wegeners Theorien. Geologen und vor allem Geophysiker widersprachen ihm heftig. Sie kritisierten, dass keine Kräfte bekannt wären, die die Kontinente auf diese Art und Weise bewegen könnten. Die ganze Idee sei blanker Unsinn.

So mancher Forscher mühte sich, Wegeners sorgfältig angesammelte Beweise zu widerlegen. Man versuchte sogar, ihm die Sachkenntnis abzusprechen. Schließlich sei er gar kein professioneller Geologe. Er sei im Gegenteil ein Amateur, der an unserem Globus herumpfusche. Wegeners Arbeit wurde schließlich so rigoros abgelehnt, dass jeder Geologe, der sich auch nur dafür interessierte, seinen Ruf aufs Spiel setzte. Wegener starb 1930. In den 40er Jahren galt seine Theorie als endgültig widerlegt. Die Vorstellung einer starren Erdoberfläche war Dogma geworden.

Und doch, es stellte sich heraus, dass Wegener Recht gehabt hatte. In den 50er Jahren wurden neue Instrumente entwickelt, mit denen Magnetfelder registriert werden konnten, die zehn Millionen Mal kleiner waren als das der Erde. Als man damit die Überreste von Magnetfeldern alter Gesteine analysierte, erzielte man überraschende Ergebnisse. Einzelne Formationen gaben über das Magnetfeld der Erde zu einem Zeitpunkt Auskunft, als das Gestein gerade erst entstanden war. In einem ländlichen Gebiet Großbritanniens fand man 200 000 000 Jahre alte Steine, die bezeugten, dass das Land sich einst auf dem 30. Längengrad befunden hat. Heute liegt es auf dem 65. Längengrad.

Anfangs hielten die Geologen dies nicht für einen Beweis dafür, dass sich die Landmassen der Erde tatsächlich verschoben hatten. Sie schlossen, dass sich vielmehr das Magnetfeld der Erde verändert hätte. Die Theorie, dass die Pole der Erde gewandert wären, ließ sich aber nicht aufrecht erhalten. Bei der Untersuchung von Gestein auf anderen Kontinenten erhielt man nämlich abweichende Ergebnisse. Damit war bewiesen, dass sich die relative Position der Kontinente verändert hatte. Diese relative Bewegung war nichts anderes als die Kontinentaldrift.

Nicht alle Wissenschaftler zeigten sich überzeugt. Im Jahr 1962 legte der an der Universität von Princeton beschäftigte Geologe Harry H. Hess eine Theorie über den beweglichen Meeresgrund vor. Darin beschrieb er, dass heißes Material aus dem Erdinneren ununterbrochen durch vulkanische Spalten auf dem Grund der Ozeane an die Oberfläche quoll. Anschließend kühlte sich die Lava ab und wurde zu Basalt. Damit war die Bewegung jedoch noch nicht beendet. Der Druck des nachfolgenden Materials schob das Gestein zur Seite. Der Meeresgrund war also beweglich. Folglich gab es keinen Grund mehr, warum es sich mit den Kontinenten nicht genauso verhalten sollte. Ein Kontinent, der sich auf einer solchen Platte befand, unterläge der Kontinentaldrift.

Ihren Durchbruch hatte diese Theorie letztlich 1963, als die britischen Meeresforscher Frederick J. Vine und Drummond H. Matthews die Magnetfelder des Meeresbodens untersuchten und dessen Beweglichkeit für bewiesen erklärten. Mit der Bestätigung von Hess' Theorie war Wegeners Arbeit wieder brauchbar geworden. Ende der 60er Jahre war sie praktisch weltweit akzeptiert.

Die Rolle der Theorie

Ich finde die Geschichte von Wegeners Arbeit, die zuerst abgelehnt und posthum anerkannt wurde vor allem deshalb so interessant, weil sie die Rolle der wissenschaftlichen Theorie sehr gut illustriert. Wegener wurde angegriffen, weil sich niemand vorstellen konnte, wie die Kontinente in Bewegung geraten sollten. Als sich Hess' Theorie des beweglichen Meeresbodens als wahr herausstellte, wurde Wegeners Theorie alsbald rehabilitiert.

Solche Geschichten sind nicht sehr oft passiert. Wenn Wissenschaftler eine Theorie ablehnen, weil sie sich nicht ausreichend belegen lässt, behalten sie zumeist Recht. Die Astrologie wird kritisiert, weil es keine Erklärung dafür gibt, wie die Planeten unser Leben beeinflussen sollten. Ebenso bleibt die Frage unbeantwortet, was Planetenkonstellationen mit dem menschlichen Charakter zu tun haben sollen. Zweifel an der Zulässigkeit der Astrologie sind also durchaus angebracht, doch es gibt noch andere Gründe dafür, warum sie als Pseudo-Wissenschaft diskreditiert wird. Bestünden irgendwelche Hinweise darauf, dass die Planeten tatsächlich Einfluss auf uns ausüben, würde man sofort damit beginnen, nach Bestätigungen zu forschen. Parapsychologie wird nicht ernst genommen, weil die ASW auf unbekannten paranormalen Kräften beruht.

Darf die Wissenschaft der Theorie überhaupt eine so vorherrschende Position einräumen? Wer diese Frage mit „nein" beantwortet, ist sich über das Wesen der Wissenschaft nicht im Klaren.

Die Induktion stellt ein altes philosophisches Problem dar, dass nie gelöst werden konnte. Wenn man 1000 Raben beobachtet, die alle schwarz sind, ist der Schluss, dass auch der 1001. schwarz ist, eigentlich unzulässig. Aber vielleicht ist die Induktion für die Wissenschaft nicht so wichtig, wie viele vorgeben. Wenn man statt der Induktion die genetische Struktur des Tiers untersucht, wird man auf Hinweise stoßen, die sehr wohl vermuten lassen, dass auch der nächste Rabe schwarz sein wird. Damit wird zugleich die Genetik bestätigt oder zumindest auf ihre Gültigkeit hin überprüft. Einfache Beobachtungen führen im Grunde zu nichts. Erst Fantasie und Kreativität vergrößern unser Verständnis der Welt. Sie stellen Verbindungen zwischen Phänomenen her, die anscheinend nichts miteinander zu tun haben und helfen uns bei der Formulierung von Theorien, die sie erklärbar machen. Und selbst wenn sich eine Theorie als falsch erweist, ist damit nicht alles verloren. Unser Streben nach mehr Wissen und einem umfassenden Verständnis der Realität führt uns Schritt für Schritt zum Ziel, selbst wenn die Wissenschaft dabei manchmal den falschen Weg beschreitet.

Kapitel 3
Ein neues Weltbild entsteht

Als Albert Einstein in den 20er Jahren der Öffentlichkeit bekannt wurde, sah man in ihm eher einen Mathematiker als einen Physiker. Er sollte derjenige sein, der das Universum durch bloße Denkarbeit mit Hilfe der richtigen Formeln erklären konnte.

Nun sind Darstellungen populärer, historischer Persönlichkeiten nicht unbedingt für ihre Genauigkeit berühmt. In diesem Fall stimmt sie jedoch ausnahmsweise. Einstein selbst äußerte sich ganz ähnlich. Bei einer Lesung zu Herbert Spencer im Juni 1933 an der Universität von Oxford sagte er: „Ich bin davon überzeugt, dass wir mit Hilfe mathematischer Formeln die Konzepte und die sie verbindenden Gesetzmäßigkeiten herausfinden können, die uns den Schlüssel zum Verständnis der Natur liefern." Er fuhr fort: „In gewissem Sinne denke ich, dass die Realität für den Geist erfassbar ist, wie man schon in der Antike geglaubt hat."

Einstein nahm an, dass man die Grundlagen der Physik nicht durch induktive Techniken erklären könne. Wenn man andererseits ein physikalisches Phänomen mittels einer simplen, einleuchtenden Formel nachvollziehen kann, kann man beinahe mit Sicherheit davon ausgehen, dass sie korrekt ist. Theorien müssen natürlich überprüft werden. Das Prinzip der Kreativität beruht jedoch auf dem Verständnis von Mathematik und auf Fantasie.

Dieses Verständnis musste mühsam erarbeitet werden. Einstein hatte jahrelang an seiner Allgemeinen Relativitätstheorie laboriert, bis er schließlich die korrekte Formel zur Beschreibung der Gravitation gefunden hatte. Sogar mehrere Jahrzehnte suchte er nach einer vereinheitlichten Feldtheorie, die Gravitation und Elektromagnetismus miteinander verband. Wenn er aber zu einem Ergebnis gekommen war, konnte er sich auch sicher sein, dass es korrekt war. Die einheitliche Feldtheorie entdeckte er nicht, aber auf vielen Gebieten der Physik galt er als praktisch unfehlbar.

Ich habe bereits darauf hingewiesen, dass Einstein sich sicher war, dass seine Allgemeine Relativitätstheorie zutraf, bevor sie durch Experimente nachgewiesen werden konnte. Dennoch möchte ich hier noch einmal darauf eingehen.

Einsteins Spezielle Relativitätstheorie aus dem Jahr 1905 führte zu einigen Vorhersagen über das Verhalten von Objekten bei hohen Geschwindigkeiten. Die einzige Möglichkeit, diese Vorhersagen zu überprüfen, bestand damals in der Durchführung von Experimenten mit Elektronen. Da ein Elektron sehr leicht ist – seine Masse ist 1830-mal kleiner als die eines Protons –, kann man es relativ leicht auf hohe Geschwindigkeiten beschleunigen. Ein Objekt mit geringer Masse setzt Bewegungsenergie wenig Widerstand entgegen. Deshalb kann man einen Golfball ohne Schwierigkeiten über die Straße werfen, aber es ist viel schwerer, ein Auto dieselbe Strecke zu schieben. Außerdem besitzt ein Elektron eine elektrische Ladung, sodass man es mit einfachen Mitteln beschleunigen kann.

Im Jahr 1906 veröffentlichte der deutsche Physiker Walter Kaufmann die Ergebnisse einer langen Versuchsreihe mit Elektronen. Einige Ergebnisse stimmten mit den Theorien überein, andere nicht. Vor allem widersprachen sie Einsteins Spezieller Relativitätstheorie. Kaufmanns Ergebnisse unterschieden sich nicht dramatisch, aber doch deutlich von Einsteins Berechnungen.

Einstein ließ sich dadurch nicht aus der Ruhe bringen. Über die beiden Theorien, die Kaufmanns Experimente zu bestätigen schienen, sagte er: „Meiner Meinung nach ist die Wahrscheinlichkeit, [dass beide Theorien stimmen,] sehr gering, da ihre grundlegenden Voraussetzungen ... nicht mit theoretischen Systemen erklärbar sind, die einen größeren Komplex von Phänomenen umfassen."

Mit anderen Worten, die Theorien konnten unabhängig von den Versuchsergebnissen nicht wahr sein, weil sie sich nicht in profunde, theoretische Systeme einfügen ließen. Einstein hatte *gesehen*, wie die physische Realität zu sein hatte. Damit war er den anderen Theoretikern einen Schritt voraus.

Einsteins Beharren auf der Richtigkeit seiner Theorie erwies sich letztlich als berechtigt. Spätere Experimente lieferten präzisere Ergebnisse, die genau mit seiner Theorie übereinstimmten. Bis heute ist die Unterstützung für seine Theorien stetig angewachsen.

Einstein erinnert ein wenig an Beethoven, der glaubte, beim Komponieren Gott und den romantischen Komponisten seiner Zeit näher zu kommen. Einstein sprach ab und zu davon, den Geheimnissen des „Alten" auf die Spur zu kommen und herauszufinden, wie Gott das Universum konstruiert hatte.

In diesen Kommentaren bezog er sich nicht auf den Gott der Christen oder der Juden. Er hatte den konfessionellen Glauben schon als Jugendlicher verloren. Vielmehr schien Einstein die Ordnung des Universums selbst mit einer Gottheit gleichzusetzen. Manchmal zeugten seine Äußerungen auch von Pantheismus. In seiner Antwort auf die Anfrage eines gewissen Rabbi Goldstein aus New York bezüglich seiner religiösen Einstellung schrieb er im Jahr 1929, er glaube „an Spinozas Gott, der sich in der Harmonie aller Dinge offenbart, nicht an einen Gott, der sich um die Schicksale und Taten der Menschen kümmert".

Der Mystiker, der Konservative und der Philosoph

Einstein war kein Mystiker im religiösen oder spirituellen Sinn. Dennoch enthielt sein Bild des Universums ein durchaus spirituelles Element. Er glaubte an eine Weltordnung, die von einem klugen Menschen verstanden werden konnte. Erstaunlicherweise lag er mit seinen intuitiven Überlegungen fast immer richtig. Wenn er in der Lage war, zu erkennen, dass das Universum so oder so beschaffen sein *musste*, war ihm dies wichtiger als ein Experiment. Letztendlich wurden fast alle Theorien von Einstein bestätigt. Wäre das nicht der Fall, würde er heute nicht als Genie gelten.

Die meisten theoretischen Physiker arbeiten offensichtlich nicht so wie Einstein. Das können sie schon deshalb nicht, weil sie nicht so denken wie er. Natürlich ist Einstein nicht der alleinige Schöpfer der modernen Physik. Viele andere Physiker haben ebenfalls dazu beigetragen, dass sich unser Bild von der Welt verändert hat.

Einer von ihnen war Max Planck, der im Jahr 1900 die Quantentheorie entwickelte. Im Gegensatz zum neugierigen Einstein war Planck in wissenschaftlicher Hinsicht eher konservativ eingestellt. Er war in der klassischen Physik des 19. Jahrhunderts ausgebildet worden und hielt es für seine Aufgabe, einige der restlichen Probleme (wie er glaubte) aufzuklären.

Eines dieser Probleme hatte mit der Emission von Licht und Wärme durch Materie zu tun. Ganz offensichtlich spielte die Temperatur dabei eine wichtige Rolle. Wenn man ein Stück Eisen erhitzt, kann man die von ihm ausgehende Wärme spüren. Erhitzt man es weiter, beginnt es rot und schließlich weiß zu glühen. Ende des 19. Jahrhunderts konnte man diese Vorgänge jedoch noch nicht mathematisch beschreiben. Es war zwar möglich, mathematische Formeln aus bestimmten grundlegenden Prinzipien abzuleiten, diese führten aber nur in bestimmten Temperaturregionen zu annehmbaren Ergebnissen. In anderen Regionen waren sie vollkommen unbrauchbar.

Diese Formeln beschrieben einen so genannten Schwarzkörper. Es trifft zu, dass es keine vollständig schwarzen Objekte in der Natur gibt; jedes bekannte Material reflektiert Licht. Im Labor kann das Verhalten eines Schwarzkörpers jedoch simuliert werden. Zu Plancks Zeit war bereits eine große Datenmenge über solche Schwarzkörper gesammelt worden. Da dieses Problem sehr verwirrend war, verwendete Planck ungeheuer viel Arbeit auf dessen Lösung.

Planck sah die Unregelmäßigkeiten in den Strahlungsgesetzen als Fleck auf der weißen Weste der theoretischen Physik an, der auf jeden Fall entfernt werden musste. Er verließ sich aber nicht wie Einstein auf seine Intuition, sondern auf die Praxis. So begann er, nach einer verwendungsfähigen Formel zu suchen. Nachdem er sie entdeckt hatte, forschte er nach physikalischen Phänomenen, die dieser Formel entsprechen könnten. Seine Arbeit war schon bald von Erfolg gekrönt. Er folgerte, dass strahlende Körper Energie in Form kleiner Portionen abgaben, die er als Quanten definierte. Quanten konnten nur in ganzen Portionen abgegeben werden, sie waren nicht teilbar.

Eigentlich gefiel es Planck gar nicht, theoretische Konklusionen anstellen zu müssen. Gemäß der klassischen Theorie hätte es solche Einschränkungen gar nicht geben dürfen. Theoretisch konnten Quanten in verschiedenen Größen auftreten. Später bezeichnete Planck die Erstellung seiner Hypothese als einen „Akt der Verzweiflung". Er verwendete die nächsten zehn Jahre seines Lebens darauf, dieses scheinbar groteske Ergebnis zu widerlegen. Als Einstein 1905 erklärte, dass sich Licht und andere Strahlung tatsächlich in Form von Quanten (inzwischen Photonen genannt) durch den Raum bewegten, war er entsetzt. Nach Plancks Quantentheorie wurde Energie zwar in dieser Form abgegeben, danach sollte sie allerdings in Wellen übergehen. Die klassische Physik ließ keine andere

Möglichkeit zu. Es war eine altbekannte Tatsache, dass Strahlung die Form von Wellen besaß. Jetzt kam plötzlich Einstein daher und behauptete, Strahlung besäße auch die Eigenschaften von Teilchen.

Dem Laien mag Plancks Art, sich mit Physik auseinanderzusetzen, im Gegensatz zu Einsteins eindrucksvoller, fast mysteriöser Arbeitsweise etwas ungelenk erscheinen. Man darf Plancks Anteil an der theoretischen Physik jedoch keinesfalls unterschätzen. Er, nicht Einstein, muss als Begründer der modernen Physik angesehen werden.

Planck und Einstein hatten eben unterschiedliche Arbeitsstile. Diese schlugen sich sogar in ihrem Privatleben nieder. Einstein ist für seine langen weißen Haare bekannt, für den Pullover, den er im Alter gerne trug, und dafür, dass er keine Socken trug. Davon bekamen sie nur Löcher. Planck legte dagegen großen Wert auf ein respektables Äußeres und war stets reserviert und formell gekleidet. Er trug dunkle Anzüge und gestärkte Hemden, außerdem verließ er sein Haus jeden Morgen um die gleiche Zeit. Einem seiner Besucher war aufgefallen, dass Planck exakt beim Gongschlag der Uhr in der Vorhalle aus seinem Zimmer kam und zur Vordertür schritt.

Einstein hängt ein wenig das Image eines Rebells an. Damit tut man ihm aber wahrscheinlich Unrecht. Es trifft zu, dass er als Jugendlicher gegen die strenge Reglementierung an deutschen Schulen aufbegehrt hatte. In seinem späteren Leben lachte er aber eher über die höheren Instanzen, als gegen sie zu rebellieren. Man hat seine Lebenseinstellung gerne als die eines Bohemiens beschrieben. Das ist sicherlich teilweise richtig, wenn sie auch nicht so unkonventionell war wie die vieler Künstler. Er hatte zur Zeit seines Studiums zwar nicht viel Geld, musste aber nie wirklich in Armut leben und hatte später immer Lehrstühle an großen Universitäten inne.

Es könnte der Eindruck entstehen, dass zwei so unterschiedliche Menschen wie Planck und Einstein einander nicht sehr sympathisch waren. Tatsächlich war aber das Gegenteil der

Fall. Sie zollten sich gegenseitig Respekt als gute theoretische Physiker. Planck war übrigens der erste und ein begeisterter Verfechter von Einsteins Spezieller Relativitätstheorie. Das ist nicht so überraschend, wie es zunächst den Anschein hat. Überraschend waren vielmehr einige Vorhersagen der Speziellen Relativität. Einstein sprach zum Beispiel von Körpern, die mit zunehmender Geschwindigkeit gleichzeitig kontrahierten und an Masse zunahmen. Dennoch war die Spezielle Relativität nichts anderes als eine Konsequenz der klassischen Physik. Sie verwendete deren Gesetze und verarbeitete sie in einem breiteren theoretischen Kontext. Wenn die Spezielle Relativitätstheorie nicht von Einstein entwickelt worden wäre, hätte sie vermutlich wenige Jahre später jemand anders entdeckt.* Als Einstein seine Theorie vorlegte, waren ihr auch schon der holländische Physiker Hendrik Lorentz und der französische Mathematiker Henri Poincaré auf der Spur.

Natürlich hatte Plancks Bewunderung für Einsteins Arbeit Grenzen. Als Einstein versuchte, den Rahmen der klassischen Physik zu sprengen, reagierte Planck weniger enthusiastisch. Als er Einstein 1912 für die Aufnahme in die Königliche Preußische Akademie der Wissenschaften empfahl, legte er eine Entschuldigung bei. Darin schrieb er, dass man Einsteins Überlegungen über Lichtquanten doch bitte nicht gegen ihn verwenden dürfe. Ein so kreativer Physiker wie Einstein, fuhr Planck fort, müsse gelegentlich über das Ziel hinausschießen.

Die drei wichtigsten Personen für die moderne Physik waren Einstein, Planck und der dänische Physiker Niels Bohr. Bohr entwickelte das erste tragfähige theoretische Atommodell. Die meisten Laien greifen automatisch auf sein Modell zurück, wenn sie sich ein Atom vorstellen: ein Objekt, das aus einem Kern und mehreren diesen umkreisenden Elektronen

---

* Bei der Allgemeinen Relativitätstheorie liegen die Dinge allerdings etwas anders. Ohne Einstein wäre sie vielleicht jahrzehntelang unentdeckt geblieben.

besteht. Bohrs Modell wurde inzwischen durch die Quantenmechanik abgelöst. Heute weiß man, dass die Elektronen eher Wellenmustern gleichen, die um den Kern herum angeordnet sind. Trotzdem ist Bohrs Modell so gut, dass es in manchen Fällen immer noch angewendet wird.

Die Idee, dass Atome aus Kernen und kreisenden Elektronen bestehen, stammt nicht von Bohr. Als er 1913 sein Atommodell vorstellte, war dies bereits bekannt. Bohr war jedoch der erste, der die Funktionsweise eines Atoms verstand. Und er konnte Plancks Quantentheorie stützen. Nach Bohr können Elektronen spontan von einer Umlaufbahn auf eine andere springen. Dabei geben sie einen Teil ihrer Energie in Form von Strahlung ab. Die Energiedifferenz zwischen den Umlaufbahnen entsprach Plancks Quanten.

Bohr zufolge konnte es nur ganz bestimmte Bahnen geben. Das heißt, ein Elektron konnte entweder die Energiemenge A oder die Menge B besitzen, aber keine dazwischenliegende. Die Umlaufbahnen wurden gequantelt. Bohr lieferte keine Erklärung dafür, warum die Bahnen gequantelt sein sollten oder wie ein Elektron von einer Bahn zur anderen springen konnte. Seine Theorie entsprach jedoch den aus Experimenten gewonnenen Daten, die mit relativ einfach aufgebauten Atomen durchgeführt worden waren. Bohr verwendete seine Theorie später zur Erläuterung des Verhaltens der chemischen Elemente. Er vermutete, dass die Elektronen in konzentrischen Schichten angeordnet waren. Das Verhalten der Elektronen in der äußersten Hülle war für die spezifischen Eigenschaften verantwortlich.

Bohrs Modell wurde eines Tages von der Quantenmechanik abgelöst, die in den Jahren 1925/26 von dem deutschen Physiker Werner Heisenberg und dem österreichischen Physiker Erwin Schrödinger unabhängig voneinander entwickelt worden war. Die Quantenmechanik übernahm aber viele Elemente der alten Quantentheorie von Bohr und seinen Kollegen. So sind zum Beispiel auch in der Quantenmechanik nur ganz bestimmte Energiezustände möglich, die durch Quantensprünge überwunden werden. Bohrs Atommodell wurde nicht abgelegt, sondern verfeinert, und ein Großteil der frühen Arbeit mit der Quantenmechanik fand an Bohrs Institut für theoretische Physik in Kopenhagen statt.

Heutzutage wird viel über den scheinbar paradoxen Charakter der Quantenmechanik spekuliert. Ich sollte deshalb besser darauf hinweisen, dass die Theorie selbst nie in Frage gestellt wurde. Gegenargumente zielen nicht auf die Gültigkeit der Quantenmechanik als wissenschaftliche Theorie, sondern auf das philosophische Problem, wie denn das durch sie entstehende Bild der subatomaren Welt zu interpretieren sei. Physiker, die mit der Quantenmechanik arbeiten, brauchen sich darum allerdings nicht zu kümmern. Sie funktioniert, und zwar ausgezeichnet. Wenn wir aber genau wissen wollen, wie die Realität aus Sicht der Quantenmechanik aussieht, stoßen wir schnell auf Probleme, die entweder nie gelöst wurden oder zumindest auf verschiedene Art und Weise ausgelegt werden können.

Bohr war der erste, der sich mit der philosophischen Seite der Theorie beschäftigte. Sein Institut wurde mit der Zeit ein Mekka für andere interessierte Wissenschaftler, mit denen er intensiv diskutierte. Die unter Bohrs Leitung entwickelte Interpretation der Quantenmechanik wird *Kopenhagener Interpretation* genannt und ist bis heute allgemein anerkannt.

Das Grundproblem ist, dass die Quantenmechanik das Verhalten subatomerer Teilchen mit Hilfe von Aufenthaltswahrscheinlichkeiten beschrieb. Wenn man beispielsweise ein Elektron auf eine fluoreszierende Oberfläche auftreffen lässt, entsteht beim Aufprall ein Lichtpunkt. Auf diesem Prinzip basiert das Fernsehen: Mit einer großen Zahl von Elektronen lässt sich ein Fernsehbild erzeugen. Die Quantenmechanik erlaubt nun nur die Vorhersage, dass das Elektron an einer bestimmten Stelle auftreffen wird (aber nicht an welcher). Die Kollision findet dann jedoch an nur einem Punkt statt. Aus der Wahrscheinlichkeit ist also eine Sicherheit geworden. Bei einem Fernsehbild stellt dies kein Problem dar. Da die Zahl der Elektronen sehr hoch ist, gleichen sich die Wahrscheinlichkeiten aus. Bei einem einzelnen Teilchen ist allerdings nicht so einfach zu erklären, was passiert ist.

Ein anderes Beispiel ist der radioaktive Zerfall. Manche Atomkerne geben Alpha-Strahlung ab (doppelt positiv geladene Teilchen aus zwei Protonen und zwei Neutronen). Die Quantenmechanik erlaubt keine Vorhersage darüber, wann genau der Zerfall eines Atomkerns stattfinden wird. Tatsächlich wird dieser radioaktive Zerfall natürlich zu einem ganz bestimmten Zeitpunkt stattfinden. Auch hier stellt sich bei einer großen Menge Atomkerne kein Problem. Man kann dann sagen, dass die Hälfte von ihnen innerhalb der nächsten Viertelstunde, der nächsten vier Stunden oder der nächsten Million Jahre zerfallen wird. Daher stammt auch der Begriff *Halbwertszeit*.

In diesem Zusammenhang gab es noch eine weitere Schwierigkeit. Als die Quantenmechanik entwickelt wurde, wusste man, dass gewisse Teilchen manchmal das Verhalten von Partikeln und manchmal das von Wellen an den Tag legen. Licht und andere Strahlung gehören zu dieser Gruppe. Einstein hatte Recht, als er sagte, dass Licht in Form von Quanten (bzw. Photonen) auftritt. Ein Teilchen kann aber nicht die Charakteristika von Wellen und Partikeln gleichzeitig aufweisen. Elektronen verhielten sich in manchen Experimenten wie Teilchen, in anderen wie Wellen. Es schien, als ob sich der Versuchsleiter aussuchen konnte, welche Eigenschaften er beobachten wollte. Wofür er sich auch entschied, das Elektron richtete sich danach.

Bohr und seine Kollegen interpretierten die Situation am Institut von Kopenhagen folgendermaßen: Ein subatomares Teilchen entwickelt seine spezifischen Eigenschaften erst, wenn es beobachtet wird. Die Beobachtung selbst zwingt das Teilchen dazu, sich für etwas zu entscheiden. Ich möchte diesen Umstand mit einem anderen Beispiel verdeutlichen: Nach

Heisenbergs berühmter Unschärferelation ist es unmöglich, Position und Impuls eines Elektrons (oder eines anderen subatomaren Teilchens) gleichzeitig zu bestimmen. Je genauer man den Impuls kennt (bzw. die Geschwindigkeit, denn Impuls ist Masse mal Geschwindigkeit; Physiker sprechen nur deshalb von Impuls, weil dieser sich besser in ihre mathematischen Gleichungen integrieren lässt), desto weniger weiß man über die Position. Das hat nichts mit ungenauen Messinstrumenten zu tun, sondern ist schlicht und einfach eine Tatsache.

Gemäß Bohrs Kopenhagener Interpretation befindet sich ein Elektron weder in einer bestimmten Position, noch hat es eine bestimmte Geschwindigkeit, bis eine der beiden Eigenschaften gemessen wird. Aufenthaltsort und Geschwindigkeit sind hiernach keine objektiven Größen, sondern entstehen erst durch Messung.

Das hört sich ziemlich grotesk an, andere Interpretationen sind aber auch nicht plausibler. Richard Feynman vom California Institute of Technology entwickelte die sum-over-histories-Interpretation. Laut Feynman legt ein Elektron zwischen den Punkten A und B alle möglichen Wege zurück. Da die möglichen Wege nicht alle gleich sind, schließen sich manche von ihnen gegenseitig aus. Sowohl Feynmans als auch Bohrs Idee können für die Auslegung desselben Phänomens herangezogen werden. In quantitativer Hinsicht unterscheiden sie sich nicht. Sie liefern bloß unterschiedliche Bilder der Realität. Ferner gibt es auch eine Theorie der *vielen Welten*, demzufolge jedes Mal ein alternatives Universum geschaffen wird, wenn ein Teilchen „seine Entscheidung treffen" muss. Diese Theorie hört sich noch unglaubwürdiger an als die von Bohr und Feynman, stimmt aber mit den Beobachtungen überein und dient ebenfalls der Auslegung des Phänomens. Höchstwahrscheinlich wird man die alternativen Universen niemals beobachten können, aber man kann einem Elektron auch nicht im Augenblick der Entscheidung für einen Aufenthaltsort oder eine Geschwindigkeit zusehen.

Bohrs Theorie wurde von vielen Physikern „abgesegnet", nicht aber von Einstein. Der wollte damit nichts zu tun haben. Seiner Meinung nach fehlte Bohrs Konzept der subatomaren Welt die innere Harmonie, die Einstein von einer wissenschaftlichen Theorie erwartete. Wenn die Quantenmechanik auf Wahrscheinlichkeiten beruhe, argumentierte er, konnte das nur bedeuten, dass sie nicht *vollständig* war. Mit anderen Worten, es müsse noch eine andere, tiefer gehende Theorie geben, die diese Wahrscheinlichkeiten ausräumen könne, aber bisher noch nicht entdeckt worden war. „Gott würfelt nicht", hörte man ihn damals häufig sagen. Der verärgerte Bohr entgegnete Einstein, dass er nicht das Wissen darum für sich beanspruchen könne, wie Gott handelt.

Der Streit dauerte länger als ein Jahrzehnt an. Einstein entwickelte Gedankenexperimente, die demonstrieren sollten, dass die Quantenmechanik noch nicht ausgereift war. Bohr reagierte damit, die Fehler in Einsteins Überlegungen aufzudecken. Aber Einstein gab nicht auf. Bis zu seinem Tod widersprach er der Kopenhagener Interpretation.

Heute ist die Mehrheit der Physiker der Ansicht, dass Bohr im Recht gewesen ist. Das Ergebnis vielfacher Überlegungen und Experimente ist, dass man noch schwerer verdauliche Theorien anerkennen muss, wenn man nicht daran glauben will, dass die subatomare Welt von Natur aus Wahrscheinlichkeiten unterliegt. Wobei der Begriff Wahrscheinlichkeit früher oder später in jeder Interpretation auftaucht. Außerdem ist bewiesen worden, dass man Signale mit Überlichtgeschwindigkeit aussenden können müsste, wenn die Quantenmechanik unvollständig ist. nach Einsteins Spezieller Relativitätstheorie müsste man auch Signale aus der Zukunft in die Vergangenheit schicken können.* Man kann zwar nicht das Gegenteil beweisen, aber das alles widerspricht den kausalen

---

* Die Paradoxien, die dadurch entstehen, werden in meinem Buch *Achilles in the Quantum Universe* (Holt, 1997) näher beschrieben.

Zusammenhängen, auf denen die Physik beruht. Schließlich würde man die Vergangenheit verändern, wenn man mit ihr in Kontakt treten könnte.

Die Geschichte der modernen Physik ist voller großer Errungenschaften, die unsere Sicht der Welt verändert haben. Aber sie ist auch eine Geschichte von wissenschaftlichen Konflikten. Der konservative Planck, der von Einsteins Relativitätstheorie begeistert war, weil sie mit der klassischen Physik leicht zu vereinbaren war, der aber seine eigene Quantentheorie verworfen hätte, wäre ihm nur ein geeignetes Argument dafür eingefallen, stellt nur einen Fall dar. Es gab Bohr, den Philosophen, der wichtige Beiträge zur Atomtheorie lieferte, aber mindestens genauso viel Zeit auf Diskussionen mit seinen Kollegen über die Bedeutung der Quantenmechanik verwandte. Und es gab Einstein, den „Mystiker", der sich zwar manchmal irrte, aber in der Lage war, jeden in Erstaunen zu versetzen. Der Stil spielt offensichtlich eine große Rolle für wissenschaftliche Errungenschaften. Man könnte sagen, dass sie so verschieden waren wie Bach, Mozart und Strawinsky.

Albert Einstein und Gerd Müller

Auch wenn es interessante Parallelen zwischen wissenschaftlicher und künstlerischer Kreativität gibt, sollte man diese nicht überbewerten. Es bestehen mindestens genauso viele Unterschiede wie Gemeinsamkeiten. Jedenfalls ist die Zeit vorbei, in der man über diese Themen gemütlich am Stammtisch palaverte. Inzwischen ist daraus ein Fall für die kognitive Psychologie geworden. Man kann Kreativität zwar bis heute nicht definieren, aber man kann sich ihr mit wissenschaftlichen Methoden nähern. Mehr möchte ich zu diesem Thema aber nicht sagen. Es würde zu weit führen, wenn wir jetzt auch noch in die Materie zeitgenössischer Psychologie eindringen wollten.

Immerhin gibt es offenkundige Parallelen: Menschen mit mathematischem Talent sind zum Beispiel oft auch gute Musiker. So genannte Wunderkinder finden sich nur in der Mathematik, der Musik und beim Schach. Es dürfte also Gemeinsamkeiten zwischen musikalischem und mathematischem Verstand geben. Worin diese bestehen, lässt sich jedoch nicht so einfach feststellen. Es reicht sicher nicht aus, Musik als die mathematischste aller Künste zu bezeichnen.

Wie wir gesehen haben, gibt es in der Wissenschaft ebenso große stilistische Unterschiede wie in der Musik. Bilder von Monet oder von van Gogh sind unverwechselbar (sofern es keine Fälschungen sind). Auch die wissenschaftlichen Arbeiten von Einstein weisen gewisse stilistische Eigenheiten auf. Er bot im Allgemeinen kaum literarische Querverweise an und präsentierte seine Argumente schlicht und schnörkellos. Unterschiedliche Stile bedeuten aber vielleicht auch nicht mehr, als dass Individuen unterschiedlich denken. Die Arbeitsweise von Bohr und Einstein unterschied sich genauso wie die zweier Klempner.

Eine Zeit lang versuchte man, Parallelen zwischen der Geburt der Moderne und der Revolution der Physik im 20. Jahrhundert zu ziehen. Auf den ersten Blick scheint dies evident zu sein, da beides etwa zur selben Zeit geschah. Aber damit enden die Gemeinsamkeiten auch schon. Die Physik wurde durch neue Entdeckungen revolutioniert, die irgendwie erklärt werden mussten. Im Jahr 1895 wurden die Röntgenstrahlen entdeckt, kurz danach die Radioaktivität. Im Jahr 1900 entdeckte Planck, dass Schwarzkörperstrahlung nur existieren konnte, wenn die Strahlung in Form von Quanten auftrat. Gleichzeitig scheiterten alle Versuche, den so genannten Äther aufzuspüren, das Medium, das sowohl die Schwerkraft als auch elektromagnetische Wellen transportieren sollte. Damals konnten die Physiker nicht verstehen, wie man von Wellen sprechen konnte, wenn es nichts gab, worin diese schwingen konnten; außerdem glaubten sie nicht, dass die Schwerkraft über große

Distanzen wirken konnte (auch Newton hatte sich ablehnend geäußert). Man versuchte, das Problem zu klären, indem man von der Existenz einer elastischen, unmerklichen Flüssigkeit ausging, die den gesamten Raum ausfüllte. Das Problem war nur, dass man diesen Äther nicht finden konnte. Erst Einstein zeigte, dass es den Äther gar nicht geben musste. Kurz darauf begann er mit der Entwicklung seiner Speziellen Relativitätstheorie.

Der britische Schriftsteller Lawrence Durrell gehört zu denen, die auf die Parallelen von moderner Kunst und moderner Physik hingewiesen haben. In seinem Buch *A Key to Modern British Poetry* (University of Oklahoma Press, 1952) beschäftigte er sich eingehend mit diesem Thema. Leider war das Einzige, was er deutlich machen konnte, dass er selbst keine Ahnung von moderner Physik hatte. Man sollte ihm das wohl nicht vorhalten; die Begeisterung eines Amateurs ist schließlich eine wunderbare Sache, auch wenn sie nicht unbedingt sehr fruchtbar ist. Im Grunde vertiefte er eine These des englischen Schriftstellers und Malers Wyndham Lewis, der gesagt hatte, dass ein Künstler seine Ideen und Vorstellungen aus dem Nichts bezieht. Vermutlich träfe das auch auf die Wissenschaft zu. Eine interessante Theorie. Leider verstehen die meisten Künstler nicht allzu viel von der Wissenschaft. Wie sollten sie also von der Relativitätstheorie beeinflusst werden, wenn die meisten von ihnen glauben, sie hätte etwas mit der Doktrin des Relativismus zu tun (das ist aber nicht der Fall; Einsteins Theorie sagt vielmehr aus, dass die Gesetze der Physik für jeden gelten müssen). Andererseits hat sich Einstein wahrscheinlich auch nicht besonders um den aufstrebenden Kubismus gekümmert.

Die Überlegungen von Lewis und Durrell (und auch von dem österreichischen Kunsthistoriker Siegfried Giedon) sind nicht weniger zweifelhaft als die Vorstellung von Gemeinsamkeiten der Quantenmechanik mit östlicher Mystik. Da ist es wahrscheinlich noch leichter, Übereinstimmungen zwischen theoretischer Physik und Fußball zu finden. In der Tat wurden Karrieren von Physikern und Mittelstürmern verglichen und Ähnlichkeiten behauptet.

Wenn man Einsteins und Gerd Müllers Leistungskurven grafisch darstellte (indem man ihre großen Erfolge in ein Gitterkreuz eintrüge), würden sich die Schaubilder ziemlich ähneln. Aber was können wir daraus schließen? Im Grunde nichts Weltbewegendes. Fußballspieler werden oft schon als alt bezeichnet, wenn sie die 30 überschritten haben. Für Schach-Großmeister und theoretische Physiker gilt fast dasselbe. Natürlich kann ein junger Geist bzw. Körper Dinge vollbringen, die mit zunehmendem Alter schwieriger werden.

Und außerdem zeigt das Beispiel, dass Menschen zwischen allen möglichen Dingen Parallelen ziehen können, auch wenn sie noch so unterschiedlich sind.

Kapitel 4
Platonisten und Kantianer

Jeder hat schon einmal zwei Hunde oder zwei Zwiebeln gesehen, oder vielleicht ein Fußballspiel, bei dem ein Spieler zwei Tore geschossen hat. Aber niemand hat je die Zahl 2 gesehen. Ich spreche hier nicht von der arabischen Ziffer 2, der man häufig in gedruckter Form begegnet und die man auch als römische Ziffer II ausdrücken kann oder als 10 im binären System, das in Computern verwendet wird. Es stellt sich die Frage: „Ist die Zahl 2 real oder eine Einbildung des menschlichen Gehirns?"

Nicht alle Mathematiker würden darauf dieselbe Antwort geben. Die so genannten Platonisten behaupten, dass Zahlen und auch andere mathematische Größen reale Objekte sind, deren Beziehungen zueinander von den Menschen entdeckt wurden. Dieser Meinung war zum Beispiel der britische Mathematiker G. H: Hardy. In seinem Buch *A Mathematician's Apology* (Cambridge University Press, 1941) schrieb er:

„Ich werde mich hier sehr deutlich ausdrücken, um Missverständnissen vorzubeugen. Ich glaube daran, dass die mathematische Realität außerhalb unserer eigenen liegt, dass es unsere Aufgabe ist, sie zu entdecken und zu beobachten, und daran, dass die Theoreme, die wir beweisen und die wir hochtrabend unsere ‚Schöpfungen' nennen, nichts anderes sind als die Ergebnisse unserer Beobachtungen."

In gewisser Hinsicht ist es ein wenig irreführend, Mathematiker Platonisten zu nennen, weil sie mit Hardy übereinstimmen. Es stimmt, dass auch Plato der Ansicht war, mathematische Objekte seien real. Andererseits glaubte er aber auch, dass abstrakte Dinge wie Schönheit, Gerechtigkeit und Wahrheit etwas Reales repräsentieren. Er weitete diese Vorstellung noch auf andere Gebiete aus.

Er meinte zum Beispiel, dass die Idee *Baum* der wahre Baum sei und dass die Bäume, die wir im Park sehen können, nur unvollkommene Kopien dieser Realität darstellten. Heute findet Platons Philosophie auch unter den Mathematikern nur wenige Anhänger, die man als *Platonisten* bezeichnet.

Demgegenüber gibt es eine große Zahl Mathematiker, die man als *Kantianer* bezeichnen könnte, weil sie glauben, dass die gesamte Mathematik eine Schöpfung des Menschen sei. Ihrer Meinung nach wurde die Mathematik nicht entdeckt, sondern erschaffen. Die Bezeichnung *Kantianer* ist natürlich auch nicht korrekter als die Einordnung als *Platonist*. Der deutsche Philosoph des 18. Jahrhunderts Immanuel Kant glaubte, dass die Welt an und für sich nicht erkennbar sei und dass Begriffe wie Zeit und Raum nur im menschlichen Geist existierten. Mit Hilfe dieser angeborenen Vorstellungen können wir die Welt um uns herum erfassen. Jedoch können wir die Realität, die ihr unterliegt, nicht erkennen. Die Rolle, die Kant dem menschlichen Geist zuspricht, rechtfertigt in gewissem Maße die Bezeichnung *Kantianer* für Mathematiker mit derselben Ansicht. Natürlich übernehmen nur wenige Mathematiker die gesamte Philosophie Kants. Sie glauben einfach nur, dass die Mathematik – nicht die ganze Welt – eine rein geistige Leistung des Menschen ist.

Plato bei den Physikern

Es wird Sie nicht überraschen, wenn ich Ihnen mitteile, dass Physiker sich selten als Kantianer zu erkennen geben. Schließlich beschäftigt man sich in der Physik mit realen Phänomenen. Schwerkraft, Wärme und Licht, die uns die Sonne bescheren, oder Luftlöcher, die man manchmal während des Flugs spürt, sind für uns sicht- oder fühlbar. Es wäre absurd, sie als Objekte des Geistes zu bezeichnen.

Ähnliches gilt für physikalische Größen, die man nicht sehen kann, wie etwa Magnetfelder. Ihre Existenz ist mit Hilfe einer Drahtspule und eines Messinstruments für elektrischen Strom ohne Weiteres nachzuweisen. Wenn man die Spule zwischen die Pole eines Magneten bringt, wird ein Strom induziert, der ganz einfach zu messen ist. Selbst subatomare Teilchen sind mit bloßem Auge erkennbar, weil sie einen Lichtpunkt erzeugen, wenn sie auf eine fluoreszierende Oberfläche treffen. Man kann kaum abstreiten, dass irgendetwas auf die Oberfläche getroffen sein muss. Photonen kann man ohne technisches Gerät sehen. Angeblich kann das menschliche Auge in der Dunkelheit selbst ein oder zwei Photonen bereits erkennen.

Dennoch gab es immer auch Wissenschaftler, die die Sichtweise Kants vertreten haben. Gegen Ende des 19. Jahrhunderts gab es zum Beispiel kaum Forscher, die nicht an die Existenz von Atomen glaubten. Es war offensichtlich, dass chemische Versuchsergebnisse nur dann plausibel waren, wenn Atome und Moleküle existierten. Außerdem konnte man das Verhalten eines Gases nur begreiflich machen, wenn man es als aus Molekülen bestehend deutete, die sich schneller bewegten. Trotzdem behauptete man, dass Atome (und damit auch Moleküle) nicht mehr als ein hilfreiches Modell böten. Physiker sollten nur von Dingen sprechen, die sie sehen respektive nachweisen können, forderten sie.

Im Jahr 1905 veröffentlichte Einstein jedoch einen Artikel, der die Existenz von Atomen ein für allemal bewies. Darin analysierte er die Brownsche Bewegung, die 1827 von dem schottischen Botaniker Robert Brown entdeckt worden war. Brown hatte in Wasser gelöste Getreidepollen unter dem Mikroskop untersucht und herausgefunden, dass die einzelnen Pollen sich in unregelmäßiger Bewegung befanden. Anfangs glaubte er, dass sich die Pollen bewegten, weil sie lebten. Er vermutete, dass in den Pollen Leben verborgen sein musste. Danach untersuchte er jedoch einige gelöste Farbpartikel, die unmöglich Leben enthalten konnten, und erzielte dasselbe Ergebnis.

Nun sind Pollen, Farbpartikel oder andere, für das bloße Auge nicht sichtbare Teilchen, viel zu groß, um durch Kollisionen von Molekülen beeinflusst zu werden. Die Herkunft der Brownschen Bewegung blieb deshalb ungeklärt, selbst nachdem sich die Existenz von Molekülen in der Wissenschaft durchgesetzt hatte. Erst Einstein löste das Problem, indem er zeigte, dass Kollisionen von sehr vielen Molekülen exakt den gewünschten Effekt erzeugen würden. Seine theoretischen Berechnungen bewiesen, dass die gelösten Teilchen sich nicht nur bewegen würden, sondern dies auch genau auf die Art und Weise täten, die Browns Versuchsergebnissen entsprach.

Heute zweifelt kein ernst zu nehmender Wissenschaftler daran, dass es Atome gibt und diese sich aus Elektronen, Protonen und Neutronen zusammensetzen. Mit Hilfe eines tunneling scanning microscope (eine Art Elektronenmikroskop) kann man einzelne Atome sichtbar machen. Außerdem ist es möglich, einzelne Teilchen zu isolieren und mit ihnen Versuche durchzuführen. Der Nobelpreisträger Hans Dehmelt von der Universität von Washington entwickelte ein Gerät, mit dem man einzelne Elektronen über Monate hinweg isolieren und aufbewahren kann; und Physiker, die Experimente auf dem Gebiet der Quantenmechanik durchführen, verfolgen häufig die Wege einzelner Neutronen.

Der Glaube, dass Atome reine Fiktion sind, ist inzwischen überholt. Es hat sich erwiesen, dass sie nicht nur in den Köpfen der Wissenschaftler (und ihren Gleichungen) existieren. Sie sind reale Objekte in einer realen Welt. Die von theoretischen Physikern gestellte Frage nach der realen Existenz der Dinge wurde allerdings wieder aufgeworfen, als der Physiker Murray Gell-Mann von der California University of Technology 1964 erklärte, dass Protonen, Neutronen und viele andere Teilchen, die die Forschung entdeckt hatte, aus noch kleineren Teilchen bestünden: aus Quarks. Manche Forscher reagierten mit Ablehnung auf diese Idee. Subatomare Teilchen könnten sich zwar so verhalten, *als ob* sie aus Quarks bestünden, aber das hieße noch lange nicht, dass diese auch tatsächlich existierten.

Die Skeptiker beriefen sich darauf, dass man Quarks nicht nachweisen könne. Nach Gell-Manns Veröffentlichung begann man in zahlreichen Laboratorien mit der Suche nach Quarks. Die Ergebnisse waren zunächst überall negativ. Man konnte freie Quarks weder in Meerwasser noch in der kosmischen Strahlung, die ununterbrochen auf die Erde trifft, festmachen. Dennoch legten Physiker schon bald eine Theorie vor, die zur Klärung beitragen sollte. Danach werden die Quarks durch eine Kraft zusammengehalten, die wächst, umso weiter sich Teilchen voneinander entfernen. Deshalb können die Quarks ihre subatomare Umgebung nicht verlassen. Man hätte es hier mit einer bislang unbekannten Kraft zu tun. Schwerkraft und Elektromagnetismus nehmen nämlich mit zunehmender Entfernung ab. Trotzdem gab es gute Gründe dafür, diese Erklärung zu akzeptieren.

Worin genau besteht der Unterschied zwischen einem fiktiven Teilchen und einem realen, das man nicht nachweisen kann? Wenn es überhaupt einen Unterschied gibt, dann ist er sehr gering. Dass Quarks real seien, schien manchen Physikern genauso wahrscheinlich wie die Behauptung, Flaschengeister gäbe es wirklich, aber man könne sie nicht finden, weil sie alle in verschlossenen Flaschen auf dem Meeresgrund liegen. Sie gaben zwar zu, dass man mit Hilfe dieser Theorie wichtige subatomare Phänomene erklären konnte, etwa den Unterschied zwischen Neutronen und Protonen. Diese Teilchen besitzen ungefähr dieselbe Masse (das Neutron ist etwas schwerer), aber das Proton ist positiv geladen, während das Neutron – wie der Name schon sagt – elektrisch neutral ist.

Gell-Manns Theorie zufolge besteht jedes dieser Teilchen aus drei Quarks mit Teilladungen. Die Ladungen des Protons ergeben addiert die Zahl +1; die innerhalb des Neutrons neutralisieren sich.

Wie sich zeigte, wurden die Zweifel hinsichtlich der Existenz von Quarks schon bald zerstreut. Im Jahr 1968 führte man im Stanford Linear Accelerator Center (SLAC) einen Versuch durch, bei dem Protonen mit energiereichen Elektronen beschossen wurden. Dabei wurden Punktladungen in den Protonen entdeckt. Es schien, als ob die Protonen aus einzelnen Komponenten bestünden. Quarks mussten von nun an ernst genommen werden.

Die überraschende Effektivität der Mathematik

Man könnte annehmen, dass sich die Kontroversen über das Wesen der Mathematik auch auf die Physik auswirken. Schließlich ist die Mathematik die Sprache der Physik. Das ist jedoch nicht der Fall. Im Allgemeinen kümmern sich Physiker nicht sonderlich um die Mathematik. Wichtig ist für sie nur, dass man sie anwenden kann. Außerdem sind Physiker für ihren laxen Umgang mit der Mathematik bekannt. Mathematiker sind zwar häufig entsetzt darüber, aber den Physikern ist das solange gleichgültig, wie sie die richtigen Ergebnisse erhalten.

Der Grund dafür könnte sein, dass ein typischer Physiker mathematische Quantitäten nicht als Abstraktionen ansieht. Wenn er die Ziffer 2 verwendet, meint er damit vielleicht zwei Elektronen oder zwei Energieniveaus eines Atoms. Zwar beschäftigt die Physik sich auch mit sehr abstrakten Dingen wie etwa Einsteins *gekrümmten* Raum, im Vordergrund steht jedoch das Ergebnis, auch wenn es nur mit Hilfe einiger Manipulationen zu erzielen ist.

Viele Physiker arbeiten mit der Mathematik auf so gänzlich andere Weise als Mathematiker, dass manche schon ihren Nutzen für die Naturwissenschaft überhaupt anzweifeln. Der ungarisch-amerikanische Physiker Eugene Wigner sprach einmal von der „überraschenden Effektivität der Mathematik" und erklärte: „Die Anwendbarkeit der Mathematik auf die Gesetze der Physik ist ein wunderbares Geschenk, dass wir weder verstehen noch verdienen."

Ich glaube, dass die meisten Physiker nichts über Plato und Kant in der Physik wissen. Die wenigen Ausnahmen scheren sich nicht um die Verbindung. Ihre Einstellung ist ganz pragmatisch: Alles, was funktioniert, wird auch verwendet. Es interessiert sie nicht, warum mathematische Formeln anwendbar sind, sondern nur, dass es so ist.

Tachyonen und andere Unannehmlichkeiten

Inzwischen fragen Sie sich vielleicht, warum ich das Thema Plato und Kant überhaupt angesprochen habe. Schließlich scheinen sie keine große Rolle für die Physik zu spielen. Außerdem hat sich die Vorstellung, Atome und Quarks seien nichts weiter als praktikable Ideen, als falsch erwiesen. Und tatsächlich wäre das Thema damit abgeschlossen, wenn die theoretische Physik sich in der zweiten Hälfte des 20. Jahrhunderts nicht so intensiv mit Fragen über das Wesen des Universums und der Materie beschäftigt hätte. Diese Themen werden heute kontroverser denn je diskutiert.

Mitte der 60er Jahre zeigten die Physiker Gerald Feinberg und George Sudarshan unabhängig voneinander, dass Einsteins Spezielle Relativitätstheorie die Existenz von Teilchen, die sich mit Überlichtgeschwindigkeit bewegen, nicht ausschließt. Gemäß Einstein kann ein Teilchen, das langsamer ist als das Licht, dessen Geschwindigkeit nie erreichen. Feinberg und Sudarshan wiesen jedoch darauf hin, dass es Teilchen geben könne, die von vornherein schneller sind. In diesem Fall würden sie sich der Geschwindigkeitsgrenze von der anderen Seite annähern. Sie könnten also die Lichtgeschwindigkeit nicht *unterschreiten*. Diese hypothetischen Teilchen erhielten die Bezeichnung *Tachyonen*.

Im Falle ihrer Existenz würden diese Teilchen mit einer Reihe ungewöhnlicher Eigenschaften aufwarten. Im Gegensatz zu anderen Partikeln nähme ihre Energie mit zunehmender Geschwindigkeit ab. Folglich läge ihre Energie bei null, wenn sie unendlich schnell würden. Mit anderen Worten, man müsste Energie aufwenden, um Tachyonen abzubremsen. Mit allen anderen Objekten verhält es sich umgekehrt. Teilchenbeschleuniger besipielsweise wenden Energie auf, um Elektronen, Protonen und andere Teilchen fast auf Lichtgeschwindigkeit zu beschleunigen.

Feinbergs und Sudarshans Hypothese führte zu zahlreichen, wenngleich erfolglosen Untersuchungen. Wenn Tachyonen wirklich existierten, reagierten sie mit normaler Materie entweder gar nicht oder nur so schwach, dass man sie nicht entdecken konnte. Tachyonen, so schien es, waren nicht mehr als ein Hirngespinst.

Feinberg glaubt heute nicht mehr an ihre Existenz und verweist auf den Mangel an experimentellen Beweisen. Dennoch kann man die Möglichkeit nicht völlig ausschließen. Der Glaube an ihr Vorhandensein führt zu einem interessanten philosophischen Problem. Nehmen wir einmal an, Tachyonen existieren, aber wir können sie nicht nachweisen. Was soll der Begriff *Existenz* dann bedeuten? Im Normalfall wendet man ihn nur auf Objekte an, die sich in unserem Universum befinden. Wenn es aber ein paralleles Universum gibt, in dem sich Objekte schneller als das Licht bewegen, mit dem wir jedoch keine Verbindung aufnehmen können, darf man dieses Universum dann als real bezeichnen?

Dieses Beispiel zeigt deutlich, dass man selbst in der Physik von Entitäten sprechen kann, die vielleicht nur in den Köpfen der Menschen existieren. Vielleicht gibt es Tachyonen nicht wirklich, weder in unserem noch in einem anderen Universum (was immer das sein mag). Dennoch kann man ihre Eigenschaften herleiten und ihr Verhalten beschreiben. Man kann Aussagen über ihre Masse, über ihren Impuls (der immer größer als null sein wird, wie schnell sie sich auch bewegen) und über ihre Energie machen. Auch wenn wir die Bedeutung solcher Aussagen nicht einschätzen können, sind sie mathematisch gültig.

Unendliche Welten

Im Jahr 1600 wurde der italienische Philosoph Giordano Bruno wegen Ketzerei auf dem Scheiterhaufen verbrannt. Man weiß heute nicht mehr, wofür er angeklagt wurde, denn es sind keinerlei Schriftstücke überliefert. Wahrscheinlich ging es um seine Ansicht, es gäbe unendlich viele nicht bewohnte Welten.

Die Verdammung von Brunos Ideen durch die Inquisition erregte natürlich großes Interesse. Im folgenden Jahrhundert wurde die Vorstellung von einem unendlichen Universum zum Allgemeingut im Denken der westlichen Hemisphäre. Vielleicht wäre das nicht geschehen, wenn man Bruno nicht verfolgt hätte. Seine Ideen wurden wie die von Galilei nicht zuletzt durch die Inquisition bekannt.

Man ist sich bis heute nicht sicher, ob das Universum begrenzt ist oder nicht. Nach Einsteins Allgemeiner Relativitätstheorie ist beides möglich. Das hält die Forscher aber nicht davon ab, über die Existenz von anderen Universen – vielleicht sogar unendlich vielen – nachzudenken. Im Allgemeinen herrscht die Vorstellung vor, dass der Urknall nur einmal geschehen ist. Theoretisch könnte dies aber zahllose Male passiert sein.

Gestützt wird diese Hypothese durch so genannte Wurmlöcher. Dabei handelt es sich um theoretische Raumtore, die weit voneinander entfernte Bereiche des Universums verbinden. Selbst wenn es sie gäbe, könnte man sie aber leider nicht für interstellare Reisen nutzen wie in der Fernsehserie *Star Trek Deep Space 9*. Ein Wurmloch ist viel kleiner als ein Atomkern. Raumschiffe könnten es also nicht durchqueren, subatomare Teilchen dagegen vermutlich schon. Es gibt sogar eine These, nach der Elektronen ständig von einem Universum zum nächsten „reisen".

Insofern ist es durchaus möglich, dass in unserem Universum ununterbrochen kleine „Raumzeit-Bläschen" entstehen, die sich als mikroskopische Wurmlöcher manifestieren. In diesem Fall könnten Baby-Universen (wie Hawking sie nennt) auseinanderbrechen und selbst ihren Urknall erleben.

Schwarze Löcher und Baby-Universen

Stephen Hawking hat die Ansicht geäußert, dass die Bildung von Schwarzen Löchern zur Bildung alternativer Universen führen kann. Seine Hypothese stützt sich darauf, dass niemand weiß, was geschieht, wenn ein großer Stern kollabiert. Sind die Überreste massiv genug, bildet sich ein Schwarzes Loch. Da die Masse des Sterns nach innen fällt, wird die Schwerkraft bald so groß, dass ihr nichts, nicht einmal Licht, entkommen kann. Das entstehende Objekt ist vollkommen schwarz, da es Licht weder abstrahlt noch reflektiert.

Damit ist der Kollaps aber noch nicht beendet. Gemäß der Allgemeinen Relativitätstheorie wird die gesamte Materie in einem mathematischen Punkt komprimiert. Druck wird diesen Vorgang nicht aufhalten. Der Relativität zufolge erhöht er die Schwerkraft noch. Man muss die Vorstellung, dass große Mengen Materie auf einen einzigen Punkt konzentriert werden, sodass ein Zustand unendlich großer Dichte besteht, sehr ernst nehmen. Je kleiner ein schrumpfender Materieball wird, desto wichtiger werden die Einflüsse der Quanteneffekte. Wie diese Einflüsse genau aussehen, ist nicht geklärt, denn man benötigte eine Quantentheorie der Schwerkraft, um das Verhalten von Materie unter solchen Bedingungen zu beschreiben. Leider gibt es bislang keine Quantentheorie der Schwerkraft. Die Allgemeine Relativität und die Quantenmechanik scheinen nicht kompatibel zu sein.

Wenn man nicht weiß, was geschieht, und auch keine Anhaltspunkte hat, um es herauszufinden, kann man nur spekulieren. Genau das hat auch Hawking getan. Nach seiner These reist die Materie im Zentrum eines Schwarzen Lochs durch ein Wurmloch in ein neues Baby-Universum. Eine ziemlich kühne Behauptung. Es gibt keine Möglichkeit, dies zu beweisen. Andererseits kann man sie aber auch nicht widerlegen. Natürlich stützt sie sich auf Annahmen, von denen man nicht weiß, ob sie der Realität entsprechen oder nicht.

Hawkings Theorie ist nur eine von vielen, die die Existenz von Alternativuniversen thematisiert. Einige davon basieren auf der Quantenmechanik. Man weiß schon seit längerem, dass subatomare Teilchen aus reiner Energie entstehen können, etwa aus der eines Gammastrahls. Dabei wandelt sich Energie in ein Teilchen-Antiteilchen-Paar um. Diese beiden Teilchen können zum Beispiel ein Elektron und ein Positron sein. Positronen sind die Antiteilchen von Elektronen. Ihre Massen sind gleich groß, aber das Positron ist positiv, das Elektron jedoch negativ geladen. Elektronen und Positronen können aus Energie entstehen, sich aber auch gegenseitig auslöschen und in einem Energieblitz verschwinden.

Die Quantenmechanik beschreibt die subatomare Welt mit Hilfe von Unsicherheiten. Gemäß Heisenbergs Unschärferelation kann man nicht gleichzeitig die Position und den Impuls (bzw. die Geschwindigkeit, denn der Impuls = Masse x Geschwindigkeit) eines Teilchens bestimmen. Diese Unsicherheit lässt sich aber auch auf andere Begriffspaare anwenden, etwa Energie und Zeit. Wenn wir etwa die Energie eines Atoms kennen, wissen wir dennoch nichts darüber, wie lange es dieses Energieniveau halten wird.

Diese Beziehung zwischen Energie und Zeit hat wichtige physikalische Konsequenzen. In der kurzen Zeit, während der das Energieniveau „unscharf" ist, kann ein Teilchenpaar entstehen. Im Gegensatz zu realen Teilchen existieren diese virtuellen Partikel aber nur kurze Zeit. Ein Elektron-Positron-Paar wird sich zum Beispiel innerhalb eines Bruchteils einer Millionstel Sekunde auslöschen.

Natürlich kann man die Bildung virtueller Teilchen nicht beobachten. Es stellt sich wiederum die Frage, ob sie nicht reine Fiktion ist. Tatsächlich ist dies aber nicht der Fall. Die Bildung virtueller Teilchen hat bestimmte experimentelle Konsequenzen. Laborversuche haben Voraussagen über die Existenz virtueller Teilchen auf zehn Stellen hinter dem Komma genau bestätigt. Quantenfluktuationen – die Bildung von Teilchenpaaren aus dem Nichts – gibt es offenbar wirklich.

Das hat einige Wissenschaftler auf die Idee gebracht, dass auch unser Universum durch eine Art Quantenfluktuation entstanden sein könnte. Es sind bereits mehrere Variationen dieser Theorie im Umlauf. Zwar weiß man nicht, was im Mikrokosmos wirklich geschieht, da es keine Theorie der Quantenschwerkraft gibt, aber dennoch denken einige Forscher darüber nach, ob Zeit und Raum nicht auch den Einflüssen einer Quantenfluktuation unterliegen. In diesem Fall ist es durchaus denkbar, dass submikroskopische Raumzeit-Bläschen spontan entstehen, die entweder kontrahieren oder sich ausdehnen. Ein sich ausdehnendes Bläschen könnte dann durchaus zu einem Universum werden.

Der erste, der diese These formulierte, war 1973 der amerikanische Physiker Edward Tyron. Obschon es sich um keine durchdachte Theorie handelte, war die Idee so interessant, dass andere Forscher begannen, damit zu arbeiten. Im Jahr 1978 erklärten vier belgische Physiker, dass das Universum durch die Bildung eines Teilchen-Antiteilchen-Paars entstanden sein könnte. 1981 schrieben Heinz Pagels und David Atkatz von der Rockefeller University, dass das Universum sich nicht der Entstehung von Teilchen verdankt, sondern einer plötzlichen Veränderung in der Dimensionalität des Raums. Der Urknall wäre demnach der Moment gewesen, als das Universum in seinen gegenwärtigen Zustand *kristallisierte*. Natürlich wird damit nicht erklärt, woher das zuvor existierende, multi-dimensionale Universum kam, aber das tut der Theorie keinen Abbruch. Es könnte schon ewig existiert haben oder ebenfalls durch Quantenfluktuation entstanden sein.

Der Physiker Alexander Wilenkin von der Tufts University hatte eine andere Idee. Seiner Meinung nach könnte das Universum das Resultat einer Art „Quantenwust" sein, der keine bestimmte Dimension hatte. Zeit und Raum erhalten ihre Bedeutung also erst nach der Entstehung des Universums. Die Frage, was vor dem Urknall geschehen ist, stellt sich dann nicht mehr. Es gab einfach kein *Vorher*. Wilenkin ist nicht der Einzige, der glaubt, dass Zeit und Raum mit dem Urknall begonnen haben. Diese Ansicht teilt er mit vielen anderen Physikern und Kosmologen. Neu an Wilenkins Theorie war vor allem die Art der Entstehung des Universums.

Der an der Stanford University arbeitende Physiker Andrei Linde versuchte gar, das Problem der Fragen nach den Ursprüngen vollständig zu vermeiden. Nach seiner Theorie des *chaotisch inflationären Universums* entwickeln sich ununterbrochen neue Universen aus spontan entstehenden Raumzeit-Bläschen. Linde lässt im Gegensatz zu Hawking Schwarze Löcher außer Acht. Der Begriff inflationär bezieht sich hier auf die Vorstellung, dass das Universum sich kurz nach dem Urknall für eine sehr kurze Zeitspanne extrem schnell – eben inflationär – ausgedehnt hat. Die Theorie des inflationären Universums stammt ursprünglich von dem Amerikaner Alan Guth, der allerdings nicht nach den Anfängen des Universums gefragt hatte. Linde vertiefte seine Theorie dahingehend.

Lindes Theorie zufolge stand am Beginn des Universums ein winziges Bruchstück, das sich von einem anderen Universum abgespalten hatte. Es folgte eine Phase inflationärer Expansion und die Entwicklung zu einem eigenständigen Universum. Außerdem könnte unser Universum laut Linde fortwährend neue Universen erschaffen. Da diese mit unserem Universum durch submikroskopisch kleine Wurmlöcher verbunden sind, die wir nicht sehen können, bleiben sie nicht nachweisbar.

Die Zahl der neu erschaffenen Universen ist vielleicht sogar unendlich groß. Viele wären unserem Weltall nicht sehr ähnlich. In manchen käme es vermutlich gar nicht zur inflationären Expansion, in anderen setzte sie sich bis zur Unendlichkeit fort. Da ihre Gesamtzahl so groß wäre, gäbe es doch ein paar Universen, die dem unseren ähnelten; und zumindest einige davon wären auch bewohnt.

Das Universum im Geist

All diese Hypothesen haben eines gemeinsam: Sie scheinen unüberprüfbar zu sein. Schließlich können wir nicht in der Zeit zurückkreisen, bis wir den Ursprung des Universums erreichen, um nachzusehen, was wirklich geschah. Genauso unmöglich ist es, in ein Schwarzes Loch einzudringen, um zu beobachten, wie die Materie darin kollabiert. Jedes Raumschiff würde bei dem Versuch in Stücke gerissen. Und selbst wenn einer der Insassen überleben und Beobachtungen anstellen würde, könnte er keine Nachrichten an uns schicken, weil die Gravitation zu groß ist. Sie hielte nicht nur das Licht, sondern auch seine Funksignale auf.

Alle Theorien über den Ursprung des Universums klingen bis zu einem gewissen Grad plausibel, zumindest für jemanden, der etwas von Quantenmechanik versteht. Leider kann man nicht verifizieren, welche der Realität entspricht. Noch einmal: Wir können weder zum Ursprung des Universums reisen noch die Wurmlöcher sehen, die das unsere mit Baby-Universen verbinden, aus denen wiederum eigenständige Universen erwachsen. Dass wir diese nicht untersuchen können, versteht sich von selbst. Wir können schlechterdings nicht mit einer Raumzeit kommunizieren, die von unserer abgespalten ist. Dass sich in unserem Universum *alles befindet, was überhaupt existiert,* lässt sich vielleicht nicht uneingeschränkt behaupten. Aber es befindet sich darin zumindest alles, *was wir sehen können.*

Theoretische Physik und theoretische Kosmologie haben sich von praktischen Experimenten inzwischen vollständig gelöst. In den bisher beschriebenen Szenarien handelt es sich also im Grunde um *Universen des Geistes.* Dabei bildet die Kosmologie keineswegs eine Ausnahme. Innerhalb der letzten zehn Jahre sind viele Überlegungen über Superstrings aufgetaucht (zehndimensionale Objekte, die aus neun räumlichen und einer zeitlichen Dimension bestehen), die alle bekannten subatomaren Teilchen hervorgebracht haben könnten. Problematisch an den Superstrings ist nicht die Zahl ihrer Dimensionen, sondern sind ihre Ausmaße. Sie müssten nämlich viel kleiner sein als ein Atomkern. Man kann wohl kaum davon ausgehen, dass wir jemals in der Lage sein werden, sie sehen zu können. Selbst ein Teilchenbeschleuniger von der Größe unserer Galaxie könnte nicht mit solchen Größenverhältnissen arbeiten. Man kann Quarks insofern *sehen,* als sie die Richtung von in die Protonen eindringenden Elektronen beeinflussen. Zahlreiche Experimente haben Kontakte von Elektronen mit Quarks nachgewiesen. Leider sind wir nicht in der Lage, einen Teilchenbeschleuniger zu bauen, der so groß und leistungsfähig ist, dass wir damit Superstrings sehen können. Natürlich könnte es sein, dass die theoretische Physik letztlich zu dem Ergebnis kommt, dass es diese Superstrings gar nicht gibt. Schon jetzt vertreten manche Forscher die Ansicht, die Materie bestehe tatsächlich aus zwölfdimensionalen Membranen.

Einige Ideen – Superstrings, imaginäre Zeit usw. – werden sich vielleicht als wahr erweisen. Früher oder später wird das eine oder andere Objekt experimentell nachgewiesen werden. Schließlich können wir auch virtuelle Teilchen nachweisen, obwohl wir sie nicht sehen können. Im Moment besteht der Hauptteil der Arbeit von theoretischen Physikern und Kosmologen allerdings darin, das Universum im Geist neu zu erschaffen. Mathematische Korrektheit ist aber leider keine Garantie für die Gültigkeit einer Theorie.

Die Physik scheint der Mathematik um einen Schritt voraus zu sein. Mathematiker haben vielleicht unterschiedliche Ansichten zu ihrem Fach, aber die kreative Physik hat zweifellos neue Einsichten geliefert.

Die Physik im 20. Jahrhundert

Die Physik hat sich im 20. Jahrhundert sehr schnell entwickelt. Ich kann mir nicht anmaßen, zu behaupten, dass die theoretischen Kosmologen und die Vertreter der Superstring-/Membrantheorie die richtige Fährte verfolgen. Aber sie beschäftigen sich offensichtlich mit Dingen, die nichts mehr mit den Problemen vom Anfang des 20. Jahrhunderts zu tun haben. In jenen Jahren gaben Experimente die Probleme der theoretischen Physik vor. Planck entwickelte seine Quantentheorie, um Versuchsergebnisse erklären zu können. Bohrs Atommodell entstand, um bereits bekannte Verhaltensmuster von Atomen zu erläutern. Zur Quantenmechanik kam es, weil Physiker realisiert hatten, dass Bohrs Atommodell nicht in allen Fällen anwendbar war. Selbst Einstein beanspruchte für seine Spezielle Relativitätstheorie, dass sie das bisher angesammelte Wissen erläutern sollte.

Dann aber begann sich der Charakter theoretischer Arbeit langsam zu verändern. Einstein schien intuitiv zu wissen, auf welchen mathematischen Strukturen das Universum basierte. Wenn eine Theorie mathematisch simpel und einleuchtend war, musste sie seiner Meinung nach auch korrekt sein. Be-

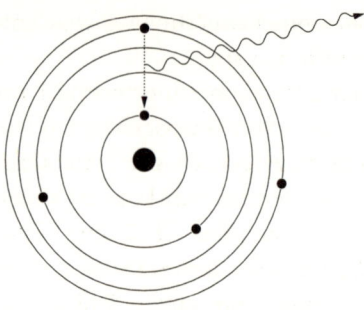

*Abb. 4: Bohrs gequanteltes Atom. In Bohrs Atommodell kreist ein nega-
tiv geladenes Elektron um einen positiv geladenen Atomkern. Wenn ein
Elektron von einer Umlaufbahn auf eine andere springt, entsteht ein
Lichtblitz. Dieses Modell ist inzwischen zwar durch die Quantenmechanik abgelöst worden, wird aber aufgrund seines simplen Aufbaus heute
noch verwendet.*

sonders erstaunlich dabei ist, dass Einstein fast immer Recht
hatte. Zu seiner Zeit gab es nur wenige Möglichkeiten, seine
Allgemeine Relativität experimentell zu bestätigen. Erst in
den 1960er Jahren, nach Einsteins Tod, gelang es, alle Gegenargumente auszuräumen. Heute sind jedoch die meisten Physiker der Ansicht, dass Einsteins Kritik an der Quantenmechanik unbegründet war. Inzwischen hat es in der Tat viele
Versuchsreihen gegeben, die seine Position unhaltbar scheinen lassen.

Um das Jahr 1970 herum betrat die theoretische Physik
Neuland. Das praktische Experiment verlor zunehmend an
Bedeutung und wurde von der Theorie schließlich vollständig
getrennt. Die theoretische Physik beschäftigte sich nicht mehr
mit der Erklärung von Versuchsergebnissen, sondern schuf
neue, imaginäre Universen.

Auch eine falsche Theorie kann neue Einsichten initiieren.
Sobald deutlich wird, *warum* sie falsch ist, kann sie überarbeitet und verbessert werden. Deshalb kann man selbst den
wildesten Spekulationen der Kosmologen im Grunde nichts
entgegenhalten. Auch wenn sie uns keine Sicherheiten lie-

fern, können wir immerhin *Möglichkeiten* entdecken, die für uns fast ebenso hilfreich sind.

Hauptsächlich geht es mir hier weniger um die konkrete Wissenschaft als um die wissenschaftliche Vorstellungskraft. Ich habe versucht, zu zeigen, dass sich nicht die Kreativität der Wissenschaftler im letzten Jahrhundert verändert hat, sondern das, worauf sie sich richtet. Früher versuchten Wissenschaftler, die Welt zu erklären. Stattdessen kreieren sie heute neue, mögliche Welten. Ein großer Teil der zeitgenössischen Physik und Kosmologie steht beinahe per Definition in der Tradition Kants.

Nachwort

Es hört sich zwar seltsam an, aber das Wesen der Mathematik wird eines Tages vielleicht durch wissenschaftliche Experimente erklärt werden. Man geht traditionell davon aus, dass ein eventueller Kontakt mit einer fremden Zivilisation am ehesten mittels Austausch grundlegender mathematischer Formeln zu bewerkstelligen wäre.

Klar, diese Vorstellung setzt voraus, dass die Mathematik dieser Zivilisation dieselbe Basis besitzt wie die unsere. Wenn die Platonisten Recht haben, wäre das kein Problem, denn dann müsste man auf jedem bewohnten Planeten früher oder später zu denselben Formeln gelangen. Wenn aber die Ansichten der Kantianer richtig sind, könnten Außerirdische eine vollkommen andere Mathematik entwickelt haben.

Leider sind wir bisher keiner außerirdischen Zivilisation begegnet. Möglicherweise wird es nie dazu kommen. Aufgrund der Entwicklung ständig verbesserter Computer werden wir aber eventuell schon binnen weniger Jahre in der Lage sein, künstliches Leben zu erzeugen.

Ich beziehe mich hier nicht auf die allseits diskutierte *künstliche Intelligenz*. Hierbei versucht man, Computer so zu programmieren, dass sie sich wie intelligente Wesen verhalten. Ihre künstliche Intelligenz wird notwendigerweise der unseren ähneln.

Schließlich versucht man, den Computern menschliche Verhaltensweisen anzueignen. Es gibt bereits Programme, die in der Lage sind, mathematische Theoreme zu beweisen. *Unsere* Theoreme natürlich.

Aber stellen wir uns einmal vor, künstliches, elektronisches Leben wäre natürlicher Selektion unterworfen. Dadurch könnte Leben entstehen, dass sich von unserem dramatisch unterscheidet. Wir hätten vermutlich Schwierigkeiten, es zu verstehen oder auch nur zu erkennen. Unter Umständen würde es uns mit einer völlig andersartigen Mathematik konfrontieren. Damit wären die Platonisten widerlegt.

Dieser Entwicklung sind wir womöglich schon näher, als man glaubt. Bereits 1990 generierte der Biologe Tom Ray von der University of Delaware eine künstliche, Tierra genannte Welt im Computer, in der sich virusähnliche Organismen fortpflanzen, verändern und entwickeln konnten. Da sie in einer relativ einfach strukturierten Umwelt lebten, erreichten sie keinen sehr hohen Entwicklungsgrad. Dennoch war eine Form der Evolution zu erkennen.

Im Moment sind Ray und einige seiner Kollegen dabei, künstliche Organismen zu erschaffen, die im Internet „leben" können. Sie können von einem Computer zum nächsten reisen und so ihre eigene Welt entdecken. Hinter diesem Experiment steckt die Hoffnung, dass die Evolution aufgrund der Vielzahl verschiedener Einflüsse einen hohen Grad an Komplexität erreicht und so letztendlich künstliche Intelligenz erzeugt.

Diese Vorstellung ist durchaus nachvollziehbar, die Evolution schreitet in einer elektronischen Umgebung weitaus schneller voran als in der Natur. Beim Tierra-Experiment entwickelten sich elektronische Parasiten innerhalb weniger Stunden. Fast genauso schnell bildeten Rays künstliche Organismen Abwehrmittel gegen sie aus.

Falls sich innerhalb des Internets intelligentes Leben entwickelt (das Experiment wird noch Jahre andauern, ein Ende ist nicht in Sicht), wird es höchstwahrscheinlich anderen Denkstrukturen unterliegen als wir. Immerhin lebt es in einer Umwelt ohne Physik und Chemie. Außerdem unterscheidet sich die Geometrie seines Lebens von unserem. Die Bewohner

eines Computers würden sich nicht in einem zwei- oder dreidimensionalen Raum bewegen. In ihrem Raum ist die einzige
Variable die Menge Energie, die ihnen die CPU (central pro-
cessing unit) des Computers zur Verfügung stellt. Sollten sie
jemals die euklidische Geometrie entdecken (um nur ein Beispiel zu nennen), wäre sie ein äußerst abstraktes Fachgebiet,
das mit der Art und Weise, wie sie den Raum wahrnehmen,
überhaupt nichts zu tun hat. Das führt uns zu der Frage: Würden sie ein mathematisches Theorem verstehen, das wir ihnen
präsentieren? Und würden wir etwas mit ihren mathematischen Problemen anfangen können?

Solche hypothetischen Fragen kann bis heute niemand beantworten. Ich selbst würde es nicht einmal versuchen. Aber
ich freue mich schon darauf, zu erfahren, wie die künstliche
Intelligenz wohl beschaffen sein wird, falls es sie eines Tages
gibt.

Sie brauchen sich übrigens nicht darum zu sorgen, dass
Rays elektronische Wesen plötzlich in Ihrem Computer auf-
tauchen. Sie können dort nur überleben, wenn Sie das entsprechende Programm installieren. Sollten Sie sich jedoch dafür interessieren, können Sie es ohne Schwierigkeiten unter
Ihrem Windows-Betriebssystem laufen lassen. Es ist als Free-
ware im Netz erhältlich. Am einfachsten finden Sie das Programm unter Rays Website www.hip.atr.co.jp/~ray/tierra/
tierra.html, oder Sie besuchen die Homepage des Instituts in
Santa Fe www.santafe.edu. Das Institut fungiert auch als Um-
schlagplatz für Informationen über künstliches Leben und damit zusammenhängende Software.

Register

Abfedern 71
aces 123
Achilles in the Quantum Universe (Morris) 209
Achtfacher Weg 123
Alfonso X. (Alfonso der Weise) 158
Almagest (Ptolemäus) 157
Alpha Centauri 61
Alpha-Strahlung 106
Alpher, Ralph 23 f.
Aminosäuren 53 f.
Anderson, Carl 102
Antimaterie 132
Aristoteles 156
Astrologie 160, 164, 176, 196 f.
ASW (außersensorische Wahrnehmung) 189, 191, 197
  siehe auch Parapsychologie
Atkatz, David 225
Atome
  Existenz von Atomen 192, 216 f.
  gequanteltes Atom 230
  komplexe 100
  Quantentheorie der 99
  Rosinenpudding-Modell 98
  Theorie der 204 f.
  Uratom 79
Atomkern 12, 98

Baby-Universen 82, 223 f., 227
Becquerel, Henri 106
Behandlungsmethoden, alternative 191
Beta-Strahlung 108 f.
Beta-Zerfall 108
Bewegungsgesetze 164
Blondlot, René 185–188
Bohr, Niels 99, 120, 191, 204 f., 207, 230
Boltzmann, Ludwig 95
Bondi, Hermann 22
Born, Max 168, 171

Bottom-Up-Szenario 37
Braid, James 192
branes 13, 143 f.
  siehe auch Membrane
Braune Zwerge 38, 69
Brown, Robert 216
Brownsche Bewegung 216 f.
Bruno, Giordano 222

Carlson, Shawn 176
CERN (Centre Européen pour la Recherche Nucléaire) 110, 146
Chadwick, James 101
Coma-Galaxienhaufen 68
Cosmic Background Explorer (COBE) 25
Cosmic Questions (Morris) 174, 176
Cowan, Clyde jr. 108

De revolutionibus (Kopernikus) 159
Deferent 158
Dehmelt, Hans 217
Deuterium 27–31, 34 f., 51
Dialog über die hauptsächlichsten Weltsysteme (Galilei) 162
Dicke, Robert 23
Dimension, Theorie der vierten 116–119
  siehe auch Dimensionen, multiple
Dimensionen, multiple
  elf Dimensionen 115, 143 f.
  fünf Dimensionen 115 f.
  Quantenmechanik 120
  String-Theorie 135 f., 141 f.
  Supergravitation 132 f.
  Ursprung des Universums 226
  vierte Dimension 116–119
  zwölfte Dimension 142, 228
Dirac, P. A. M. (Paul Adrien Maurice) 143
DNS 55
Dunkle Materie 18, 68–70

Durrell, Lawrence 212
Dyson, Freeman 61

Eddington, Arthur 165
Ei, kosmisches 79
Eine kurze Geschichte der Zeit
(Hawking) 82, 154, 170
Einstein, Albert
als Mystiker 201 f.
ausbalanciertes Universum 75
Energiegleichung 40, 79, 125
Gedankenexperimente 209
kosmologische Konstante 75–79
Kreativität in seiner Jugend 212 f.
siehe auch Relativitätstheorie
Theorie der vierten Dimension
117–120
Tod 121
über Atome 192
über die Brownsche Bewegung
216 f.
*Über die Elektrodynamik
beweglicher Körper* 95, 183
über die Richtigkeit seiner
Theorien 154
über Gott 200
über James Clerk Maxwell 95
über Licht 99
über Mathematik 229 f.
über Quantenmechanik 119 f.
über Schwarze Löcher 166 f., 187
Vergleich mit Max Planck
202–204
Wissenschaft 187 f.
Elektrizität 89, 92, 94
Elektromagnetismus 93–95, 97 f.,
101, 108 f.
elektroschwache Theorie 128,
135
Paradox des 183
Theorie des 11
vereinheitlichte Feldtheorie 114,
116
Verhältnis von Elektrizität und
Magnetismus 90, 96
siehe auch Elektrizität,
Magnetismus
Elektronen, Entartungsdruck der 42
Elektronik, moderne 96
Energie 62–64, 78, 80 f., 106
Entropie 63
Epizyklen 157 f., 160
Erde, Entstehung der 48 f.
Eudoxos 155 f.

Evolution der Intelligenz 59
Evolution, chemische 46 f.
Evolution, kosmische 8–10, 18 f.,
30–49
Entstehung des Sonnensystems
46–49
Entwicklung von Sternen und
Galaxien 36–39
Neutrinos 46 f.
Schwarze Löcher 43 f.
siehe auch Ursprung des
Universums
Supernova 45–47
Theorie des inflationären
Universums 32 f.
Weiße Zwerge 42 f., 45
siehe auch Elektrizität,
Magnetismus
Evolution, Wesen der 59, 62
Exponenzialzahlen 31

Faraday, Michael 90
Feinberg, Gerald 220 f.
Felder 95
Feldlinien, magnetische 92
Fermi National Accelerator
Laboratory (Fermilab) 110
Fermi, Enrico 108
Feynman, Richard 126 f., 138, 208
Filipenko, Alexei 76
Finnegan's Wake (Joyce) 123
Foucault, Jean Bernard Léon 152,
164
Franklin, Benjamin 89

Galaxien, Entstehung von 18, 36–38
Galilei, Galileo 152, 160–163, 181
Gamma-Strahlung 106
Gamow, George 23 f., 36, 79
Gardner, Martin 190
Gasen, Verhalten von 97 f.
Gedankenexperimente 160
Geller, Uri 190
Gell-Mann, Murray 122 f.,
217, 219
Gladstone, William 91
Glashow, Sheldon 138
Gleichungen, quadratische 112, 114
Gluonen 129–131
Gold, Thomas 22
Gott 95, 120, 200
Gravitonen 105
Great Attractor 80
Green, Michael 136

Großartige, Die (Ptolemäus) 157
Große Magellansche Wolke 46
Große Vereinheitlichte Theorien
(GUTS) 131 f.
Großer Kollaps (Big Crunch) 32,
64, 72
Guth, Alan 32 f., 226
GUTS (Große Vereinheitlichte
Theorien) 131 f.

Halbwertszeit 207
Hardy, G. H. 214
Hartle, James 82, 174 f.
Hawking, Stephen
Eine kurze Geschichte der Zeit
82, 154, 170
über Schwarze Löcher 72, 223 f.
über Baby-Universen 223
über expandierende Universen 78
über imaginäre Zeit 82, 170,
174–175
*He mathematike syntaxis (Die
mathematische Zusammen-
fassung)*, (Ptolemäus) 157
Heisenberg, Werner 99, 168, 208,
201, 224
Helium 25–29, 34, 40 f.
Hitzetod 64
Homöopathie 191
Hooft, Gerhardt 128
Hoyle, Fred 21 f., 52
Hubble, Edwin 74
Huxley, T. H. 69
Hypnose 192 f.
Hypothese 174

Induktion 196 f., 198
Inflationäres Universum, Theorie
des 32 f., 68, 70, 82, 226
Inflationäres Universum, chaotisch
226
Inflationary Universe, The (Guth) 33
Intelligenz, elektronische 232–234
Intelligenz, Entwicklung der 59,
siehe auch Intelligenz, künst-
liche, Intelligenz, elektronische
Intelligenz, künstliche 232–234
Interaktion 141

Kaluza, Theodor 117–119, 144
Kaluza-Klein-Theorie 144
Kant, Immanuel 215
Kantianer 215 f., 232
Kauffman, Stuart 55

Kaufmann, Walter 199
Kepler, Johannes 152
Key to Modern British Poetry, A
(Durrell) 212
Kirshner, Robert 77
Klein, Oskar 118, 144
Kohlenstoff 41 f., 51
Kontinentaldrift 192–196
Kopenhagener Interpretation der
Quantenmechanik 206
Kopernikanisches System 162 f., 182
Kopernikus, Nikolaus 159 f.
Kraft, schwache nukleare 105, 109,
128
Kraft, starke 106, 109, 112, 126
Kräfte 106–110, 141
Kuhn, Thomas 177
Kunst, Analogien zwischen
Wissenschaft und 188, 210

Lawrence, Ernest 110
Leben, Entstehung des 50–64
außerirdische Zivilisationen
59–61
im Universum 56–59
Ursprung des 52–56
Zukunft des Lebens 62–64
*Lehrbuch der Elektrizität und des
Magnetismus* (Maxwell) 93
Lemaître, Georges 79
Leptonen 129
Levy, Walter J. jr. 189
Lewis, Wiyndham 212
Licht 29, 91–94,98, 169, 220 f.
Lichtgeschwindigkeit 30
Lichtjahr 29
Linde, Andrej 78, 83 f., 226
Logic of Scientific Discovery, The
(Popper) 153
Lorentz, Hendrik 204

Magnetismus 91, 93–96
siehe auch Elektromagnetismus
Marconi, Gugliemo 96
Mars 56–58
Marsmeteorit 57
Materie, unsichtbare 68–70
Mathematician's Apology, A
(Hardy) 214
Mathematik 198, 211, 214 f., 219 f.,
232
Matrizenmechanik 99, 168
Matthews, Drummond H. 196
Maxwell, James Clerk 5, 92–96

Medizin 191
Membrane 13, 138, 143–145, 229
  siehe auch branes
Merkur 184
Mesmer, Franz 192
Mesonen 105, 112 f., 124
Mesotron, siehe Muonen
Methoden, wissenschaftliche 153
Mikrokosmos, das Wesen des 10–13
Mikrowellen 9, 22–25
Mikrowellen-Hintergrundstrahlung,
  kosmische 8
Milchstraße 37, 46, 74
Multiversen 84–86
  siehe auch Universum, Modell
  des unendlichen
Myonen 102, 105, 129

Naturphilosoph 164
Ne'eman, Yuval 123
Nebula 74
Neutrinos 46 f., 70, 106–108, 129
Neutronen 101–106
Neutronensterne 44–46
Newtons Gesetze der Schwerkraft
  30 f., 89, 103, 115, 163 f.
  siehe auch Schwerkraft
Nordström, Gunnar 117 f.
N-Strahlung, Entdeckung der
  185–187
Nukleosynthese 28, 51

Oersted, Hans Christian 90
Okkult 103
Oort, Jan 68
Oppenheimer, J. Robert 145

Pagels, Heinz 225
Parapsychologie 188–192, 197
Pauli, Wolfgang 69, 107 f.
Penzias, Arno 23
Perlmutter, Saul 75
Photonen 99, 101, 103 f., 130,
  202, 216
Physik 138 f., 149–151, 209–215,
  228–231
pi meson 105
Picasso, Pablo 178
Pion 105, 111
Planck, Max 98 f., 201–204
Planeten 48, 56
Plato 155
Platonisten 214 f., 232
Poincaré, Henri 204

Popper, Karl 153
Positronen 102, 224
Powell, Cecil 105
Präkambrium 58
Proteine 55
Pseudowissenschaft 13 f.,188, 197
Pseudowissenschaft vs. Wissen-
  schaft 176–182
Ptolemäus 158
Punctus aequans 157

Quacksalberei 191
Quanteln 205
Quanten 98, 202
Quanten-Chromodynamik (QCD)
  128 f., 135
Quanteneffekte 31
Quanten-Elektrodynamik (QED)
  126–131, 134 f., 143
Quanten-Feldtheorie 103
Quanten-Kosmologie 173
Quantenmechanik 101, 119–121,
  169–173, 205–208
  ASW (außersinnliche Wahrneh-
  mung) im Verhältnis zur 191
  Berechnung der Dichte von
  Weißen Zwergen 42
  Entwicklung der 99
  Entwicklung der Atome 51
  Kopenhagener Interpretation der
  206
  Paradoxien der 100
  sum over histories 208
  Theorie der Quantengravitation
  als Teil der 83
  viele Welten 208
Quantentheorie 99, 201 f., 204, 224
Quantenwust 226
Quarks 10, 122–126, 218 f.

Radioaktivität 106
Radiowellen 96
Raumzeit 83, 117
Ray, Tom 233 f.
Reines, Frederick 108
Relativitätstheorie 18, 31, 134,
  165–170, 187, 220
  Entwicklung der 95
  in der Wissenschaft 182–185
  Schwarze Löcher 44, 167
  Theorie der Quantengravitation
  in der 83
Renormierung 126 f., 134
Resonanzen 111

Revue scientifique 187
Rhine, J. B. 181, 190
RNS (Ribonukleinsäure) 55
Rosenthal-Schneider, Ilse 165
Rosinenpudding-Modell 98
Rowan-Robinson, Michael 174
Rutherford, Ernest 99, 150

Salam, Abdus 128
Santa Fe Institute 234
Saturn 93
Scherk, Joel 135
Schrödinger, Erwin 99, 168, 171,
 205
Schwarz, John H. 135 f.
Schwarze Löcher
 Baby-Universen und 223 f.
 Beschreibungen 43 f., 166 f.
 dunkle Materie und 68
 Singularitäten 79, 82
 Stephen Hawking über 72
 winzige 175
Schwarze Zwerge 42
Schwarzkörper 202 f.
Schwarzkörper-Strahlung 23
Schwerkraft (Gravitation) 79 f., 89,
 97 f.
 Entstehung des Sonnensystems
 49
 Entstehung von Galaxien und
 Sternen 36 f., 50
 Gravitonen 105
 im expandierenden Universum
 65, 108
 Relativitätstheorie 131
 Supergravitation 132 f., 142
 Vereinheitlichte Feldtheorie
 114–116
 siehe auch Newtons Gesetze der
 Schwerkraft
Schwinger, Julian 126
Singularität 43, 79, 82
Society of Psychical Research 189
Sonne 38, 40 f., 45
Sonnensystem, Bildung des 47–49
Stanford Linear Accelerator
 Laboratory (SLAC) 124, 219
Stanford Research Institute (SRI)
 189 f.
Steady-State-Theorie 21 f.
Sternentwicklung 38–40, 71
Strahlung 96, 106
Strahlung, kosmische 73–78
Strangeness (Seltsamkeit) 112

String-Theorie 135 f.
 siehe auch Superstrings
*Structure of Scientific Revolutions,
The* (Kuhn) 177
Sudarshan, George 220 f.
Supergravitation 131–133, 142
Supernova 45–47, 76 f.
Superstrings 10–12, 135–142, 144,
 146, 228
 siehe auch String-Theorie
Supersymmetrie (SUSY) 133, 136

Tachyonen 220 f.
Tauonen 129
Teilchen 102, 104, 109–113
 Arten 129 f., 141
 Austausch von 104
 Entstehung von 85
 fiktive und reale 218
 neue Entdeckungen 102, 123,
 128 f., 145 f.
 Standardmodell der Teilchen-
 physik 122
 theoretische Physik 122
 virtuelle 225
 siehe auch Teilchen-
 beschleuniger
Teilchenbeschleuniger 110 f., 146
Teleskop 161
Theorie der chaotischen Inflation 83
Theorie der Quantengravitation
 43, 83
Theorie, allumfassende 139 f.
Theorie, die Rolle der 176, 192, 196 f.
Theorien, spekulative 17
Thermodynamik 93 f.
Tierra, die künstliche Welt von 233
Tomonaga, Shin'ichiro 126
Top-Down-Szenario 37
Tritium 35
Turner, Michael 77
Turok, Neil 78
Tyron, Edward 225

UFOs 177
 siehe auch Parapsychologie
Unendlichkeiten 172
Universum im Geist, das 227
Universum, Vorstellung eines
 geschlossenen 65–68, 71
Universum, Modell des expandie-
 renden 22 f., 73, 70, 73 f., 76
Universum, Modell des unendlichen
 222–229

Baby-Universen 223–226
Schwarze Löcher 223 f.
Theorie vieler Universen 83–85
Universum im Geist, das 227–229
Wurmlöcher 222 f.
Universum, Modell eines „flachen"
66 f., 71
Universum, Modell eines offenen
66–69, 72, 78
Universum, Ursprung des 17, 21 f.,
79–85, 173, 225–228
Universum, Zukunft des 65–67,
71–73
Unschärferelation 208, 224
Uratom 79
Urknall-Theorie 17, 19, 23 f., 35,
71 f., 79, 174, 226
*Ursprünge der Kontinente und
Ozeane, Die* (Wegener) 193
Ursuppe 26

Velikovsky, Immanuel 178–181
vereinheitlichte Feldtheorie,
Einsteins 11–13, 114–116, 120 f.,
128
Vine, Frederick J. 196
Vorstellungskraft, wissenschaftliche
13 f., 149–151, 154, 174 f., 177,
188, 196, 231
siehe auch Wissenschaft

Wasserstoff 34 f., 40
Wasserstoffbombe 38
Wegener, Alfred 193–196
Weinberg, Steven 128
Weiße Zwerge 42 f., 45, 68, 76
Wellenmechanik, Theorie der 168
Weltbild, ptolemäisches 158 f.,
162 f., 182
Welten im Zusammenstoß
(Velikovsky) 178
Weyl, Hermann 118
Wheeler, John Archibald 140

Wigner, Eugene 220
Wilenkin, Alexander 226
Wilson, Robert 22
Wissenschaft
Wissenschaft vs. Pseudo-
wissenschaft 176–182
Analogien zur Kunst 210
Falsifizierung von Theorien 154,
177, 197
Hypnose 184, 192 f.
Hypothesen in der 174
Induktion 196, 198
Kontinentaldrift 192–196
Parapsychologie 188–192, 197
Randgebiet der 189
Relativitätstheorie in der
182–185
Richtungen der 209–211
schlechte 185–188
siehe auch Pseudowissenschaft,
Wissenschaft vs. Pseudowissen-
schaft, Vorstellungskraft wissen-
schaftliche
Theorien in der 175, 194, 199 f.
Wichtigkeit von Experimenten
160
wissenschaftliche Methoden 155
Witten, Edward 137
Wood, Robert Williams 186
Wurmlöcher 223 f.

Ylem 79
Yukawa, Hideki 105

Zahlen, imaginäre 171
Zeit, imaginäre 82, 170 f., 173 f.
Zerfall, radioaktiver 107, 207
Zivilisationen,
außerirdische 59–61
Zweig, George 123
Zwicky, Fritz 68
Zyklen, kosmische 73
Zyklotron 110